EBBINGHAUS
LEARNING METHOD

申海君 著

内 容 提 要

在记忆研究领域中，德国心理学家赫尔曼·艾宾浩斯的研究成果尤为突出。我们将他发现和验证的记忆规律融入学习实践中，形成了一套高效的学习方法。本书旨在让更多的同学能够受益于艾宾浩斯学习法，从而实现高效、轻松的学习。

全书共分为八章，首先揭示了学习的基础——记忆，并从脑科学和认知学的角度深入解析了记忆的形成过程。接着，基于这一过程，本书详细介绍了多种实用的记忆方法，并结合语文和英语等学科进行了实战演练。最后，我们还探讨了如何利用作业、睡眠和考试等场景来促进记忆，进一步提升学习效率。

本书的行文风格轻松活泼，既具有实用性又充满互动性。内容覆盖了学习、工作和生活中常见的各种信息记忆技巧，非常适合中小学生、大学生以及成年人阅读。通过阅读本书，读者将能够掌握科学的学习方法，提高学习效率，享受学习的乐趣。

图书在版编目(CIP)数据

艾宾浩斯学习法 / 申海君著 . -- 北京：北京大学出版社，2024.7. -- ISBN 978-7-301-35142-0

Ⅰ . B842.3

中国国家版本馆 CIP 数据核字第 2024ZY7737 号

书　　　名	艾宾浩斯学习法 AIBINHAOSI XUEXI FA	
著作责任者	申海君　著	
责 任 编 辑	王继伟　姜宝雪	
标 准 书 号	ISBN 978-7-301-35142-0	
出 版 发 行	北京大学出版社	
地　　　址	北京市海淀区成府路205 号　　100871	
网　　　址	http://www.pup.cn　　新浪微博：@北京大学出版社	
电 子 邮 箱	pup7@pup.cn	
电　　　话	邮购部 010-62752015　　发行部 010-62750672　　编辑部 010-62570390	
印 刷 者	大厂回族自治县彩虹印刷有限公司	
经 销 者	新华书店	
	787毫米×1092毫米　32开本　6印张　166千字	
	2024年7月第1版　2024年7月第1次印刷	
印　　　数	1—4000册	
定　　　价	38.00 元	

未经许可，不得以任何方式复制或抄袭本书之部分或全部内容。
版权所有，侵权必究
举报电话：010-62752024　电子邮箱：fd@pup.cn
图书如有印装质量问题，请与出版部联系，电话：010-62756370

PREFACE

作为海君老师多年的朋友,我非常高兴地看到海君老师出版自己人生中第一本关于记忆力的书籍。我很乐意向大家推荐这本新书,这本书是海君老师基于自身丰富经验和实践的结晶。这本书简单易懂,书中讲解了很多实用的记忆和考试技巧,相信大家跟随海君老师的脚步并按照书中的方式去训练,一定会有收获的。

现在要学习的知识越来越多,掌握好的学习和记忆方法迫在眉睫。随着越来越多的学生接触世界高端的记忆力赛事,中国有越来越多的研究者开始深入研究记忆力,并通过记忆力提高自己的学习效率。记忆力是一个人学习能力的重要体现。无论是在学习、生活还是工作中,提高记忆力有利于提高个人的综合竞争力。大部分人认为记忆力是天生的,事实上,人类的大脑可塑性非常强,我们完全可以通过一些方法和技巧让自己的记忆力得到提升!

如果你想在记忆力对接学科运用方法方面得到有效的指导,我相信海君老师的这本书对你会有较大的帮助。

早在2017年,我就与海君老师进行了记忆力的教学研究与实践探讨。这几年海君老师在全国各地的学习交流与实践探索让他从一名记忆小白变成了行业内优秀的记忆培训专家。

他在记忆的原理、高手训练的模式、记忆力与学科应运落地、思维导图提升学习效率等方面的研究运用都有自己独到的见解。我们不仅可以把这些技巧运用到学习中，还可以运用到生活的方方面面，使学习更加高效有趣，生活更加多姿多彩。

海君老师的人生充满了传奇色彩。从一名普通的大学生起步，他经过不懈努力成为特种侦察兵，又跨考成功，获得法学专业研究生资格。他不仅成功通过被誉为"最难考的考试"之一的法律职业资格考试，更是凭借个人的才华和努力，登上了《最强大脑》的舞台，展现了他的非凡实力。海君老师的案例充分证明，普通人只要拥有坚定的毅力和正确的方法，同样可以成就非凡，成为自己心中的"最强大脑"。读者在本书中不仅能学习到实用的好方法，更能从海君老师的励志故事中汲取启示和力量，无论在哪个领域，都能找到通往成功的路。同时，书中丰富的案例和有趣的故事，使得阅读过程既有趣又富有教育意义，为读者提供了宝贵的借鉴和灵感。

世界记忆锦标赛国际一级裁判
原世界记忆锦标赛中国总决赛副裁判长
晏军荣

PREFACE

为什么背诵的课文越长,我们花费的时间越多?是不是我们记性不好?

为什么做同一类题目,开始时提升明显,但越往后提升越少?是不是自己不够用心?

为什么每次复习同一个知识点所需时间逐渐减少,是否意味着我们遗漏了什么?

为什么老师强调多次复习比单次复习更有效?

为什么父母常说,只有理解才是真正的掌握?

……

这些疑问在学习过程中时常困扰着我们。其实,早在100多年前,赫尔曼·艾宾浩斯就为这些问题提供了明确的解答。

1. 谁是赫尔曼·艾宾浩斯

赫尔曼·艾宾浩斯(1850—1909),这位德国心理学家,虽以艾宾浩斯遗忘曲线闻名,但他的贡献远不止于此。艾宾浩斯是首位将实验方法应用于心理过程的心理学家,他强调以数据说话。例如,他通过多年实验发现，记忆的内容量与所需时间之间的关系并非简单直观，而是需要通过具体数据来论证。他发现，对于较短的音节组，如7个音节，诵读一次即可记住；但对于更长的音节组，如12个或16个音节，则需要多次诵读才能记住，且随着音节组的增长，诵读次数急剧增加。这一发现解释了为何背诵的课文越长，所需时间越多。

1885年，艾宾浩斯出版了《关于记忆》一书，该书汇聚了他记忆研究的各种成果。后世心理学家经过反复验证，均得出了与艾宾浩斯相同的结论。因此，现代心理学中关于记忆的研究都是以艾宾浩斯的研究成果为基础的。那么，这些记忆研究成果与我们的学习有何关联呢？它们不仅解释了我们在学习过程中遇到的疑惑，还为我们提供了改善记忆和提高学习效率的科学方法。

2. 小朱的逆袭之路

我曾经指导过一名刚上高一的学生，名叫小朱。在初中时期，他的成绩总是名列前茅。然而，进入高中后，他的成绩却一落千丈，几乎沦为班级的倒数。对于这样的巨大落差，小朱自己也感到难以置信，他困惑于自己为何会变得如此糟糕。

于是，小朱的父母找到了我。在对他进行各学科的详细测试后，我发现小朱的记忆力存在严重问题，几乎接近"鱼的记忆"，即讲过就忘，大脑几乎不留存任何知识，即便留存下来的也是模糊不清或者错误的信息。针对这一问题，我为他制定了全方位的辅导计划，包括生活、学习方法以及各科目的专项练习。

例如，在文科方面，我向他介绍了联想记忆法、图像记忆法、口诀记忆法等；而在理科方面，我则教他如何运用分散记忆和结构化记忆。这些方法有效地解决了小朱的记忆难题。他不仅能够灵活运用这些方法记忆知识，而且最终学习成绩也大幅提高，跻身班级前三名。

小朱是幸运的，因为他能够及时发现问题并解决问题。然而，并非所有学生都能如此幸运。很多学生在面对学习困境时往往一蹶不振，甚至沉沦下去。这使我开始反思：我是否能够帮助更多的学生走出困境呢？

3. 打破传统的偏见

根据多年的工作经验，我发现很多人对记忆存在一种天然的偏见。许多学生、家长和老师都抵触记忆方法，他们习惯将记忆与死记硬背划上等号，并将记忆与理解和应用对立起来。这种观念导致很多家长和老师将记忆方法视为旁门左道。甚至有的老师会说："这东西不用记，只要理解，会做题就可以了。"

这种片面的认知使学生走上了错误的学习道路。他们大量、重复地刷题，认为只要会做题就掌握了知识，却忽视了记忆的重要性。结果导致他们在考试时仍然无法应对相似的题目，成绩不断下滑。

实际上，问题的根源在于对记忆的偏见。近三十年来，随着脑科学的快速发展，科学家对学习有了全新的认识，并提出了多重记忆子系统框架。他们发现，记忆是人类思维的基础。无论是背诵一篇文章、掌握一个解题技巧，还是对某一科目产生情感（喜欢或厌恶），都涉及记忆，并遵循记忆的规则。因此，要想学习好，成为学霸，就必须认清记忆的重要性，并尊重记忆的规律。

4. 艾宾浩斯学习法的传承

艾宾浩斯的研究成果确实令人瞩目，但它们并不适合普通人直接应用。这主要有两个原因：首先，艾宾浩斯的研究成果多以论文的形式呈现，其中包含了大量的专业术语和复杂的实验数据；其次，这些成果主要关注底层的记忆规律，并没有直接给出适用于普通读者的学习建议和方法。

为了将这些宝贵的成果转化为实用的学习方法，我花费了两年时间反复研读艾宾浩斯的专著，并结合近三十年来的认知学、脑科学、语言学等领域的研究成果进行论证。同时，我还在学员中进行了实验验证，并取得了显著的效果。

由于这套学习方法的核心思想是基于艾宾浩斯的研究成果,因此我将其命名为"艾宾浩斯学习法"。现在,我将这套学习方法系统地整理在本书中,希望能够帮助广大读者提高学习效率,成为自己心目中的学霸。

CONTENTS

第1章 学习的基础——记忆 001

1.1 学霸和普通人的区别 001
1.1.1 如铁的记性 001
1.1.2 解题的直觉 003
1.1.3 积极的情绪 004
1.1.4 一切皆是记忆 005

1.2 记忆的种类 006
1.2.1 关于过去的回溯记忆 007
1.2.2 误区:学霸不愿意帮人 008
1.2.3 关于未来的前瞻记忆 010

1.3 记忆的作用 011
1.3.1 记忆是沟通的基础 011
1.3.2 记忆是学习的基础 013
1.3.3 误区:有了网,就不需要记忆了 014
1.3.4 记忆是决策的依据 016
1.3.5 误区:有了 AI 软件,不需要动脑子了 017

1.4 艾宾浩斯揭开的记忆规律 019

第2章 记忆保存在哪里..021

2.1 我们的大脑 021
- 2.1.1 大脑的构成 021
- 2.1.2 产生记忆的大脑皮层 023
- 2.1.3 大脑的最小单位：神经元 025
- 2.1.4 我们的记忆在哪里 026

2.2 记忆的形成 027
- 2.2.1 一闪而过的感官记忆 027
- 2.2.2 空间紧张的工作记忆 028
- 2.2.3 误区：边听歌，边背单词 031
- 2.2.4 永久保存的长期记忆 032
- 2.2.5 误区：连续抄写，加强记忆 035

2.3 加工记忆的工厂：海马体 036
- 2.3.1 蒙冤的海马体 036
- 2.3.2 新奇特激活海马体 037
- 2.3.3 情绪激活海马体 039

第3章 使用记忆的三个过程 041

3.1 将内容输入大脑：编码 041
- 3.1.1 输入的三种方式 042
- 3.1.2 使用更有效的输入方式 045

3.1.3 误区：笔记整理得越好，记忆效果越好 047
3.1.4 如何避免记混——唯一性 048

3.2 将记忆保存在大脑：存储 050
3.2.1 遗忘是必然发生 051
3.2.2 用更高效的复习对抗遗忘 052
3.2.3 误区：复习的次数越多，效果越好 054
3.2.4 如何避免新知识冲击老知识 055

3.3 访问大脑的记忆：检索 057
3.3.1 想起来才算记住 057
3.3.2 记忆不是孤立的 059
3.3.3 想起来的关键：检索强度 061
3.3.4 如何应对想不起来 064

第4章 强化记忆的输入效率 067

4.1 简单直接地重复：排演 067
4.1.1 排演方法的局限性 067
4.1.2 误区：只要我们想记住，就一定能记住 069

4.2 分组记忆 070
4.2.1 简单分组记忆 070
4.2.2 分组压缩记忆：删繁就简让记忆更简单 073

4.3 结构记忆：图形增强记忆 075
4.3.1 层次图记忆 075
4.3.2 流结构记忆：根据流程加强记忆 077
4.3.3 思维导图记忆 080

4.4 自问自答强化记忆：自我解释 082
    4.4.1 高效的提问方式：拉米提问法 083
    4.4.2 误区：复习就是重读课本 085
    4.4.3 讲出来强化记忆：费曼学习法 087

4.5 图像增强记忆 089
    4.5.1 图像记忆法：为文字营造画面感 090
    4.5.2 数形记忆法：为数字营造画面感 091

第5章 学科记忆 094

5.1 英语记忆 094
    5.1.1 轻松搞定音标 094
    5.1.2 快速搞定字母记忆的三个关卡 096
    5.1.3 三步巧记短单词 099
    5.1.4 利用词根记忆单词 102
    5.1.5 批量记忆组合词 105

5.2 语文记忆 107
    5.2.1 根据字形巧记单字 108
    5.2.2 利用偏旁部首巧记组合字 110
    5.2.3 四步搞定文言文背诵 113

第6章 作业强化记忆 117

6.1 作业的强大作用 117
    6.1.1 从打破认知开始 118

- 6.1.2 大力不一定出奇迹 119
- 6.1.3 "刷题怪"的胜利 120
- 6.1.4 误区：一旦掌握了，就不用再学了 122
- 6.1.5 "刷题怪"与学霸的对抗 124

6.2 刷题的策略 126
- 6.2.1 做选择题的必需步骤 126
- 6.2.2 误区：做一道题，对一下答案 129
- 6.2.3 刷不同类型的题 130
- 6.2.4 误区：抄写类作业非常适合背诵内容 132
- 6.2.5 刷题也需要有节奏 134
- 6.2.6 误区：刷题越多，效果越好 135
- 6.2.7 如何用好错题本 136

第 7 章 睡觉巩固记忆 139

7.1 自由睡觉和强制睡觉 139
- 7.1.1 自由睡眠模式 140
- 7.1.2 强制睡眠模式 141

7.2 睡眠的作用 142
- 7.2.1 避免"酒驾"式记忆 143
- 7.2.2 误区：犯困了，就喝咖啡 144
- 7.2.3 大脑内的大扫除 146
- 7.2.4 清理不重要的信息 148
- 7.2.5 自动巩固记忆 149
- 7.2.6 睡觉时的我们更聪明 152

7.3 如何睡个好觉 154
7.3.1 晚上睡个好觉 155
7.3.2 误区：即使熬夜也要完成作业 158
7.3.3 中午补个小觉 159
7.3.4 傍晚来个小憩 161

第8章 考试与记忆 163

8.1 备考环节 163
8.1.1 针对题型复习 163
8.1.2 把复习当作考试 165
8.1.3 选择接近考试的环境 167

8.2 考试环节 169
8.2.1 处理紧张情绪 169
8.2.2 应对长题干 171
8.2.3 处理记忆卡壳 172

8.3 考后环节 174
8.3.1 小心蒙对的题 174
8.3.2 错题一定要整理 176

第 1 章
学习的基础——记忆

我们每天都在学习,并且都希望自己学得好一些。然而,即使是同一个老师教授,每个人的学习效果也参差不齐。要找到产生这种差异的根源,我们就要搞清楚学习到底是什么,从而找到提升学习效率的方法。

1.1 学霸和普通人的区别

每个人都怀揣着成为班级佼佼者的梦想——那就是学霸。然而,现实中,许多人未能如愿。那么,学霸与普通学生究竟有何差异?又是什么因素导致了这种差异呢?

1.1.1 如铁的记性

在背诵一篇课文后,我们能记住它的时间长度因人而异。大部分同学能记住几个星期或几个月,但学霸们能记多久呢?我曾在一个聚会上遇到了从清华大学毕业 20 多年的老张。

聚会中,大家聊到了现在初中和高中要求背诵的古文数量日益增多。老张感叹道:"我们那个年代,古文虽然篇目不多,但每一篇都是要求背诵的。仔细算算,背诵的数量未必比现在少。"他随后开始掐指细数,从初一到高三都学过哪些古文。

面对老张的超强记忆力,我们既惊讶又佩服,不禁询问他是否还记得这些古文的具体内容。他自信满满地回答:"当然记得了。"见我们有些质疑,老张提议我们可以随意抽几篇古文让他现场背诵。我们随机挑选了几篇古文,老张都是脱口而出,毫无停顿。最后,老张笑着总结道:"只要当年认真背过的,我就不会忘!"

学霸们展现出了非凡的记忆力。面对一个题目,他们不仅能迅速指出老师是否讲解过、讲解的具体时间,还能回忆起当时老师采用的解题方法。对于一个公式,他们更是能清晰地列举出该公式在考试中出现的各种形式,以及大致的分值分配。相比之下,普通学生在记忆上往往满足于记住题目的解题步骤和公式的应用方法。这种在记性上的显著差距,正是学霸与普通学生在学习上的巨大区别。

1.1.2 解题的直觉

大部分普通学生在解题时,都曾有过为一个题目苦思冥想,甚至几十分钟仍未能找到解答方法的困扰。然而,学霸们往往能够迅速把握问题的关键,几分钟内就能找到解决方法。这种高效的解题能力,正是学霸们的另一个显著特点——卓越的解题直觉。

这种解题直觉可能源于对基础知识的深刻理解和灵活运用。以除法竖式填空题为例,如果能够迅速联想到"余数必须小于除数"这一基本原则,那么问题往往能在短时间内迎刃而解。相反,如果没有这种解题的直觉,即使花费再多的时间,也可能无法找到正确的答案。因此,这种直觉不仅是学霸们的独特优势,也是他们在学习上能够脱颖而出的重要原因之一。

这种解题直觉可能是多个公式和原理精妙结合的结果,尤其是在解决几何题目时,学霸们能够巧妙地构造出各种辅助线。因此,当题目难度增加时,解题直觉的重要性越发凸显,学霸们的优势也就越发明显。

解题的直觉在完成作业和应对考试中都发挥着举足轻重的作用。在日常中，普通人可能需要花费数小时才能完成作业，而学霸则能够在几十分钟内高效完成。这使得学霸们有更多的时间来复习、预习、拓展课外知识，甚至进行放松和娱乐。在考试中，学霸们更是能够凭借出色的解题直觉，在短时间内完成题目，并有时间进行多次检查和查漏补缺，以确保答案的准确性和完整性。

1.1.3　积极的情绪

上课时，学霸们总是展现出极高的积极性。在老师单独提问时，他们总是毫不犹豫地举手示意，准备回答。在老师公开提问时，他们更是迅速捕捉机会，抢先给出答案。他们的目光始终在老师、黑板和课本之间灵活地切换，捕捉着每一个重要的知识点。遇到疑问，他们会立刻向老师请教，寻求解答，以确保学习的连贯和深度。

相比之下，一些普通学生在课堂上的表现则显得较为被动。在老师单独提问时，他们可能会迅速低下头，试图通过翻阅课本或假装专注来避免被点名。在老师公开提问时，他们或许会张嘴欲答，但往往因为犹豫或不确定而未能发声。老师们的"注意看黑板""听我讲"等提醒，很多时候都是为了帮助他们集中注意力，更好地参与课堂学习。当遇到问题时，普通学生可能会选择暂时搁置，留待课后解决。

学霸与普通学生对待学习的态度截然不同。学霸倾向于以积极的态度迎接学习挑战，他们热衷于深入思考，从知识的核心层面去理解并掌握知识。而普通学生则往往以较为消极的态度去应对学习，他们更多地停留在知识的表面，采用死记硬背的方式来学习。

这两种截然不同的学习态度导致了截然不同的学习结果。学霸们学习越来越轻松，积极性也随之增强，形成了一个良性的循环。而普通学生由于缺乏深入的理解，学习起来越来越困难，积极性逐渐减弱，最终陷入了一个恶性的学习循环。

因此,学习态度的选择对学习效果具有深远的影响。积极的学习态度有助于我们更好地掌握知识,提高学习效率,而消极的学习态度则可能阻碍我们的学习。

1.1.4　一切皆是记忆

记性、解题的直觉和情绪虽然在表面上看起来毫无关联,但实际上它们是记忆的不同表现形式。作为记忆的一部分,它们有一些核心的共同点。

首先,这三者并非我们与生俱来的。没有人天生就了解勾股定理、魑魅魍魉的含义或"bathroom"这个词的用途。同样,没有人未经学习就能掌握解题技巧,或是确定自己对学习的喜好。这些都是通过学习和经验逐渐积累的。

其次,尽管人类可能不清楚记性、解题的直觉和情绪的确切来源,但不可否认的是,它们在我们的学习过程中经历了显著的变化。例如,刚开始学习英语时，我们可能觉得自己的记性很差，总是记不住单词。然而，随着我们学习的深入，记住的单词越来越多，我们的记性似乎也变得越来越好，记新单词变得轻而易举。同样地，在数学学习中，随着解题数量的增加，我们的直觉也会变得更加敏锐，很多题目只需看一眼就能迅速找到解题思路。甚至我们的情绪也会随着我们的经历和学习而发生变化，比如被老师表扬后，我们可能会觉得数学变得更加有趣。

最后，随着脑科学研究的深入，科学家们对大脑的记忆机制有了更深刻的理解。他们提出了多重记忆子系统的概念，将传统的记忆、技能、习惯以及条件反射（包括情绪）都纳入了记忆的范畴。这一框架表明，所有这些记忆形式都可以被建立、修改、巩固以及遗忘。

因此，每个人都有机会通过练习和努力，成为拥有出色记性、敏锐直觉和积极情绪的学霸。尽管记忆在我们的生活中扮演着如此重要的角色，但我们对它的了解十分有限，不清楚它具体包括哪些方面，以及它能对我们的生活产生怎样的影响。这也正是我们未来需要继续探索和研究的方向。

1.2 记忆的种类

对于事物，人们总是倾向于进行分类以便于理解和组织。以汽车为例，根据不同的标准，我们可以将它们划分为多个类别，按照所使用的能源类型，汽车可以被分为电动汽车、燃油汽车、氢能源汽车以及混合动力汽车；按照座位数量，它们则可以被分为大巴、中巴、小巴；而根据车型设计，汽车又能进一步细分为轿车、SUV（运动型多用途车）、MPV（多用途车）、跑车等。

同样地，人们对待记忆也采取了类似的分类方法。基于记忆内容的时间长短，人们通常将记忆划分为回溯记忆和前瞻记忆。

1.2.1 关于过去的回溯记忆

回溯记忆是关于过去的记忆,它涵盖了过去的经历、感受以及所学到的知识。根据存储内容的类型,回溯记忆可以进一步细分为内隐记忆和陈述性记忆。

1. 内隐记忆

内隐记忆主要表现为各种技能,例如,早晨醒来,我们会自然而然地拿起牙刷刷牙;坐在餐桌旁,我们会熟练地用筷子夹起包子吃;踏入篮球场,我们会熟练地接住球并进行三步上篮。这些技能并非天生具备,而是我们通过后天的学习和实践获得的。它们有一个共同特点,即难以用语言直接描述。例如,当我们被问及如何使用筷子时,可能会感到难以用言语表达清楚,而最好的方式往往是直接演示。

2. 陈述性记忆

顾名思义,陈述性记忆是那些能够用语言明确表达出来的记忆。它包括了各种公式、定理、历史事件以及我们在不同场合下的个人经历等。这类记忆可以进一步细分为语义记忆和情节记忆。语义记忆主要是关注事实或含义的记忆,比如勾股定理、英语的 26 个字母等。而情节记忆则是关于我们亲身经历的各种事件的记忆,比如上周参加的同学生日聚会。

在学习过程中,情节记忆往往为语义记忆提供了重要的背景和基础。以数学学习为例,当我们回忆数学老师讲解三角形的场景时,可能会想起老师拿着白色的纸板在黑板上画出三角形的画面,以及老师是如何标记三个角∠A、∠B、∠C 的。这些情节记忆不仅可以帮助我们更好地理解和记忆相关的数学知识,还可以使我们的学习过程更加生动和有趣。

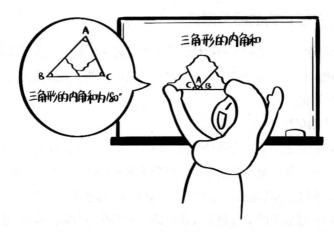

随后,老师沿着三角形的边线,将其精准地剪下。接着,随着三声清脆的"咔咔"声,老师又分别将三角形的三个角剪下。最后,老师巧妙地将这三个角拼接在一起,并用直尺比对,它们完美地构成了一条直线。老师最后总结道:"这就是三角形的一个重要性质,其内角和为180°。"

这个生动的场景深深地印刻在我们的情节记忆中。尽管我们可能无法清晰回忆起所有的细节,但老师讲解的这个定理却深深地刻在了我们的脑海中,成了我们的语义记忆。

正如前面所提到的,记性、解题的直觉和情绪都可以视为回溯记忆的不同表现形式。其中,记性更多地与陈述性记忆相关,它涉及我们可以用语言明确表达出来的记忆内容;而直觉和情绪则更偏向于内隐记忆,它们更多地体现在我们的技能、习惯和情感体验上,难以用语言直接描述。

1.2.2 误区:学霸不愿意帮人

上高中的时候,我作为班上的学霸,非常乐于帮助同学解决学习上的难题。有一次,小王拿着一道数学题向我请教。我迅速地识别出问题的核心,决定通过画一条辅助线来辅助解题,并成功运用了三个定理来证明结果。然而,小王似乎对这一点并不完全理解。

小王疑惑地问:"为什么我们要选择在这里画这条辅助线呢?"

我尽量耐心地再次解释:"通过添加这条辅助线,我们可以结合定理 A 和定理 B,从而推导出结果 C,接着……"

我的话还没说完,小王就插话道:"这些我都知道,但我就是不明白,你是怎么想到要在这里画辅助线的?"

我意识到他可能是在寻找一种解题的直觉或灵感,于是我尝试以更易于理解的方式解释:"其实,这是通过观察和尝试不同方法后得出的结论。在解题过程中,我们常常会尝试不同的策略和角度,寻找能够简化问题的途径。这条辅助线就是我在这个过程中发现的一个有助于解题的关键点。"

看到小王还是有些不懂,我微笑着说:"如果你还是不太明白,我们可以一起去找老师讨论,或者我再找一些类似的题目和你一起练习,或许这样能帮助你更好地理解。"

很多人在向学霸请教时,可能误以为学霸自己也不理解题目,或者

学霸故意不愿意详细讲解。然而，这样的想法实际上是对学霸的一种误解。解题能力本质上是一种技能，它属于非陈述性记忆，往往难以用言语完整地表达出来。

学霸们通常能通过解题过程展示他们的解题思路，但大脑内部的具体思考过程却很难用言语捕捉。这就像我们试图解释如何用筷子吃饭一样，虽然我们可以简单地描述手指如何夹住筷子、如何移动手指来夹起食物，但关于手指如何精细地移动、如何施加力量等细节，我们往往难以用语言来准确地描述。

因此，当我们向学霸求助时，最重要的是获得他们详细的解题思路和推导过程。通过理解这些思路和推导过程，我们可以逐步掌握解题的方法。至于解题技能本身，这需要我们在理解的基础上，通过多做题目来慢慢领会和培养。所以，与学霸的交流和学习，更多的是一个启发和引导的过程，而不是一个直接的传授过程。

1.2.3　关于未来的前瞻记忆

前瞻记忆，即记住未来需要完成的任务或活动。当前瞻记忆出现问题时，我们可能会遇到回家忘记写作业、上学忘记穿校服，或是错过周日的同学生日聚会等尴尬情况。为了有效应对前瞻记忆带来的挑战，人们创造了多种实用的工具和方法。例如，有的人会在家门口设置一块白板，将出门需要携带的物品一一列出；有的人则会将待办事项写在便签纸上，贴在床头或桌子上以便随时提醒；此外，我们还可以依赖父母的提醒来确保不遗漏任何重要事项。这些方法都能在一定程度上帮助我们提高前瞻记忆的效率，避免不必要的麻烦。

尽管前瞻记忆时常会带来挑战，但凭借各种外界工具和方法的帮助，我们往往能够应对自如。回溯记忆却常常成为我们最难以驾驭的记忆类型，这也是本书所深入讲解的核心内容。

1.3 记忆的作用

许多人对记忆持有偏见,这源于对记忆功能的不充分理解。我们常常仅将记忆视为应对老师检查和考试的手段,实际上,记忆的作用远不止于此。在生活和学习中,记忆扮演着关键角色,其重要性远超我们的想象。

1.3.1 记忆是沟通的基础

高中的时候,我有过一次宿舍的变动,结果在那之后的一个月里,我倍感郁闷。新宿舍的同学都对篮球情有独钟,每次回到宿舍,他们便兴致勃勃地开始讨论 NBA 赛事。当 NBA 的话题告一段落,他们又会转向 CBA,继续他们的篮球话题。而到了周末,他们更是会相约一起去打篮球。然而,我对篮球的兴趣并不浓厚,对各大联赛机制更是一知半解,更别提那些知名的球队和球员了。

由于这种差异,我时常感到自己插不上话,也无法参与他们的活动,仿佛与整个宿舍格格不入。然而,在同学们的耐心科普下,我逐渐开始了解各大球队的名称、知名的球员以及那些过往的篮球趣闻。随着时间的推移,我慢慢地融入了他们的篮球世界。

毕业后,舍友们提起那段时光,笑着说:"当时大家都以为你是个闷葫芦,不爱说话。没想到,你后来比我们还能聊篮球。"

这种沟通障碍不仅给日常生活造成了困扰,也对学习产生了显著影响。我曾做过家教,辅导过一位名叫小王的小学生。有一天,他向我提问:"那个有四条边的框框,它的角度加在一起是多少?"这个问题让我一时摸不着头脑。我接过他的习题册,仔细查看那道题目后,才恍然大悟,原来他指的是四边形的内角和。

显然,小王对"四边形"和"内角和"这两个专业术语并不熟悉,因此他用了自己能理解的方式来描述问题。当我为他解释清楚这两个术语后,他松了一口气,说:"幸好没直接去问老师,不然又要在同学面前出丑了。上次就因为用词不当,被同学笑话了好久。"

直到那一刻,我才恍然大悟,为何每次辅导小王时,他总是满腹疑问。原来,他平时因害怕被嘲笑而不敢向老师或同学提问。这个问题的根源在于,没有相关的记忆和知识,小王无法准确描述自己遇到的难题。

这使我深刻认识到，记忆不仅是学习的基石，更是有效沟通的前提。只有掌握了必要的信息和知识，我们才能更好地与他人交流，准确表达自己的疑问和需求。

1.3.2 记忆是学习的基础

小时候，每到寒暑假，我都会在姥爷家住一段时间。姥爷经常拿着报纸问我，这个字怎么读，那个字怎么念。我被问得不胜其烦，就把书包中的《新华字典》拿出来给姥爷。姥爷接过去看了看，摇摇头说："看不懂。"难道姥爷不会用《新华字典》？应该不是，他一定是在考我。

有一天，我在做作业，姥爷又拿着报纸过来了。看见我在忙，姥爷就说："等你写完作业，帮姥爷看看这几个字怎么读。"姥爷把报纸放到旁边，还放了一个苹果。好吧，冲着苹果，我"勉为其难"地拿起报纸，在圈起的字旁边标上拼音，然后开心地将报纸拿给姥爷。

没想到，姥爷一脸茫然对我说："姥爷不认得拼音，你还是直接告诉姥爷这些字怎么读吧！"啊！姥爷竟然不认识拼音。后来我才知道，姥爷认字的时候，汉语拼音还没有普及，他没有学过拼音。因为缺乏拼音的相关记忆，姥爷自然看不懂我标的拼音，更没法根据《新华字典》学生字了。

所以说，记忆是学习的基础。只有我们具有某方面的记忆，才能深入地学习更多的知识。例如，当我们知道三角形的内角和为180°之后，再学等边三角形，就能知道每个内角都是60°。

老师在课堂上讲解的内容，对于学霸来说，大部分可能是他们已有的记忆，因此他们投入较少的精力就能迅速掌握新知识。然而，对于普通学生而言，他们可能不仅没有对新知识进行预习，缺乏基本的记忆基础，而且对旧知识也掌握得不够扎实。这样一来，在课堂上，普通学生往往难以跟上老师的节奏，对老师的讲解感到一头雾水，不明白老师讲的是什么内容，更不明白其中的原因和逻辑。

这就像我姥爷拿着《新华字典》学习生字,尽管字典是学习的工具,但如果没有对拼音的基本理解和记忆,仅凭字典是很难学会新字的。学习需要积累,需要不断地在脑海中构建知识的网络。没有这个网络,即便是面对最基础的教材,也会感到无比困难。

1.3.3　误区:有了网,就不需要记忆了

小时候,我听过一个故事,这个故事描述了物理学家爱因斯坦与一群中学生的交流。一个中学生好奇地问:"爱因斯坦先生,您能背诵圆周率吗?"爱因斯坦的回答颇具深意:"我从来不记书本上印的东西,我的记忆力是用来存储那些书本上还未被发掘的知识的。"

当时,我深受启发,认为爱因斯坦的观点完全正确。为什么我要花那么多时间去记忆那些知识呢?需要的时候,我可以直接查找资料,不是吗?然而,随着时间的推移,我逐渐明白,我误解了爱因斯坦。他强调的是创造性思维和独立性思考的重要性,而并非完全否定记忆的价值。

如今,互联网的发展使得获取知识变得前所未有的便捷。我们只需

在搜索引擎中输入关键词,便能迅速找到所需的信息。这种便捷性使得许多人养成了"遇到问题,百度一下"的习惯。然而,这种习惯也带来了一些问题。

我刚接触咖啡时,服务员只会简单地询问是否加糖和加几块糖。近年来,服务员会提供更丰富的选择:"您想喝哪一种?我们这里有焦糖玛奇朵、拿铁、康宝蓝、卡布奇诺,如果需要其他的口味,我们也可以为您制作。"

如果我的大脑中没有相关的咖啡知识,我该如何选择呢?我可以选择使用手机查找相关信息,或者询问服务员。然而,这样的做法可能会耗费时间,尤其是在服务员忙碌或后面有顾客排队时。如果我随意选择,最终可能得不到我想要的咖啡。有一次,我因为对咖啡的种类不够了解,在需要驾车的情况下,却点了一杯含有酒精的爱尔兰咖啡。面对这样的咖啡,我陷入了犹豫:"是喝还是不喝呢?"

尽管互联网为我们提供了丰富的知识资源,但我们仍然需要重视记忆的作用。记忆不仅帮助我们更快地做出决策,还能让我们在生活中更

加从容和自信。同时，我们也需要学会筛选和辨别信息，避免被互联网上的海量信息所迷惑。

总之，有了互联网，我们不仅需要记忆，还需要更加聪明地利用记忆。我们应该将互联网作为获取知识的工具，而不是完全依赖它。通过不断学习和实践，我们可以提高自己的记忆力，让记忆成为我们学习和生活中的得力助手。

1.3.4 记忆是决策的依据

假设下个月是你的生日，今天父母询问你希望收到什么礼物，你或许会回答："让我先想想。"那么，你会如何思考呢？首先，你可能会回顾过去收到的礼物。比如去年生日时你收到了什么礼物，今年春节又收到了哪些礼物，还有这个学期开学时，你又获得了哪些惊喜。

随后，你还会想到同学们收到的各种礼物。你会分析，哪些礼物虽然好看但不太实用，哪些是因为别人有所以你也想要，哪些是每个孩子几乎都会拥有的，哪些礼物则独特到不想与人"撞衫"。最后，你还得思考自己未来的计划，比如你打算学习轮滑，那么一双轮滑鞋或许就是这次生日的理想之选。

看似简单的选礼物过程，实则涉及如何从大脑中调取大量的信息，并从中筛选出有用的部分。为了做出最终的决策，你甚至还需要根据已有信息去获取更多的信息。比如当你觉得买轮滑鞋是个好主意时，你可能还会询问好友的轮滑鞋是在哪里买的，价格如何等。

无论是从大脑中回忆已有的信息，还是向朋友询问以获取更多的信息，这些信息都是以记忆的形式储存在我们的大脑中的。没有这些记忆，我们就无法做出明智的决策，选出最满意的礼物。这样的决策其实在我们日常生活中随处可见。比如早上出门去学校时，我们会考虑骑车还是走路；中午放学时，我们会选择在学校用餐还是回家吃饭。

这些决策不仅在日常生活中出现，而且在学习中也频繁出现。例如，解答题目时需要回想哪个公式合适；判断动词时态时需要依据记忆中的规则；安排古文背诵时间也要基于记忆中老师检查的时间。如果没有这些记忆作为依据，我们就可能无法顺利解决问题，甚至不得不像抓阄、掷色子那样随机选择。因此，记忆是我们决策的基础，它让我们能够基于过去的经验和知识，做出更明智、更合理的选择。

1.3.5 误区：有了 AI 软件，不需要动脑子了

有一次，我乘坐高铁，火车穿梭于一个又一个隧道之间。有的隧道长达数公里，车厢内一会儿陷入黑暗，一会儿又恢复光明。坐在我旁边的一位中年大叔，试图用手机记录下这种光影交错的效果，他对着手机说："小爱、小爱，打开相机。"然而，手机并没有任何反应。他重复了几次，手机仍旧毫无动静。

随着一个又一个隧道飞驰而过，大叔的焦虑情绪也逐渐攀升，声音也越来越大。我转头看向他，他尴尬地笑了笑，解释说："手机用久了，就是不灵光。"我注意到他手机上仅显示一格的信号标志，而我的手机信号也同样微弱。我无奈地想："网络信号都快没了，怎么能使用依赖网络的 AI 软件呢？"

AI 软件为我们的生活带来了极大的便利。当我们外出时，只需简单一问，AI 软件便能为我们规划出行路线，包括乘坐哪趟车、在哪里下车以及如何换乘等。休闲时刻，我们想要听音乐，只需告诉 AI 软件歌曲的名字，它便能自动播放。在学习时，我们遇到不理解的词汇或概念，只需向 AI 软件提问，它便能给出清晰的解释。

然而，AI 软件的使用并非无条件的。首先，手机必须联网才能使用 AI 软件。没有网络，即使是最先进的 AI 软件也变得束手无策，甚至可能还不如一个三岁小孩。其次，即使有网络，AI 软件也需要我们提供足够的信息来"喂养"它。这同样考验我们的决策能力和表达能力。

我曾看过一个有趣的笑话就揭示了这一点。在未来的某个时代，AI 软件变得异常强大，能够帮助人们找到志同道合的朋友。许多人因此找到了真正的知己。小张是一个宅男，平日里鲜少出门，朋友寥寥无几。于是，他向 AI 软件求助，希望找到一个能够改变他生活习惯的好朋友。AI 软件询问他，需要什么样的朋友。

小张思索片刻后回答："这个朋友最好住在周边十公里以内。"AI 软件随即提供了 1000 多个备选者。

小张又补充道："他性格要开朗，喜欢运动，能带我出去走走。"AI 软件筛选后剩下 700 多个备选者。

小张继续描述："他还得喜欢漫画，喜欢射击游戏，这样我们才能有共同话题。"AI 软件进一步筛选出 200 多个备选者。

……

小张列举了一系列细节："喜欢吃炸鸡排，不能吃香菜，喜欢甜豆花，睡觉前必须洗澡，不能半夜说梦话……"然而，在他还没说完之前，AI 软件就打断了他："没有找到匹配的备选者。请确认，你寻找的是朋友，还是对象？"

所以,AI软件只是辅助我们做决策的工具,最终的决定权在我们自己手中。

1.4 艾宾浩斯揭开的记忆规律

上课听不懂、作业不会做、考试不及格,这些在学习中常见的难题,其实从记忆的角度来审视,其解决之道会变得更加明晰。

学习的精髓在于记忆。要提升学习效率,我们必须深入理解记忆的内在规律。例如,我们如何能有效地记住信息,遗忘在何时开始,如何延缓遗忘的进程,以及如何提高记忆的深度。在这一领域,德国心理学家艾宾浩斯的研究尤为显著。

为了深入探索记忆的奥秘,艾宾浩斯创造了一系列不存在的音节,并进行了长达两年多的实验研究。最终,在1885年,他发表了专著《关于记忆》。这部著作在心理学领域具有极高的地位,其中的记忆遗忘曲线更是广为人知。尽管此书问世已逾百年,但其中的观点依然被后续研究者不断验证和推崇。

在《关于记忆》一书中，艾宾浩斯通过实验详细探讨了各种记忆问题。例如，材料的数量与记忆次数之间的关联，时间间隔与记忆保持量的关系，重复记忆与分散记忆的差异，以及直接联想、间接联想、顺序联想、反向联想对记忆效果的影响。这些看似抽象的理论，实际上为我们解答了诸多学习上的疑惑。

你是否曾疑惑：为何课文越长越难以背诵，而分段后却变得容易？为何在家已经熟练背诵的内容，在课堂上被抽查时却突然忘词？为何歌曲听过几遍就能记住，而比歌曲更简短的古诗却难以背诵？为何在理解后，信息能更快更牢固地被记住？为何通过大量练习，解题变得越发得心应手？

这些问题，在艾宾浩斯的研究中都能找到答案。通过深入研究艾宾浩斯的著作，我们还可以总结出多种提高学习效率的方法。本书正是基于艾宾浩斯的记忆研究成果，并结合近几十年的心理学和脑科学的成果，提出了一套完整的、名为"艾宾浩斯学习法"的学习方法。

第 2 章
记忆保存在哪里

古人曾言，状元郎满腹经纶，意指其学识渊博。昨日，父母叮嘱我们，上学时务必专心听讲，将老师传授的知识深深刻在心中。今日，班级中的篮球高手自豪地展示着他的肌肉，并声称球技的精湛全赖"肌肉记忆"。然而，无论是状元郎的渊博学识，还是老师传授的知识，亦或是篮球高手的球技，这些记忆并非真的存储在肚子里、心脏中或肌肉里。它们实际上都被精心保存在我们的大脑之中。

2.1 我们的大脑

当我们用右手肘抵在桌子上，右手支撑着额头，并歪着头看向桌子上的书时，我们的右手能够清晰地感受到皮肤下坚硬的骨骼。这块骨骼是我们手臂的骨骼。而颅骨，作为头部的骨骼结构，它包裹并保护着我们的大脑。那么，我们的大脑究竟长得什么样子呢？

2.1.1 大脑的构成

大脑长什么样子呢？如下图所示。

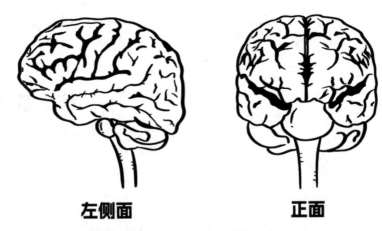

左侧面　　　　　正面

按照美国神经科学家保罗提出的"三位一体大脑"理论,大脑可以分为以下三部分。

1. 脑干和小脑

脑干和小脑,作为大脑中最早形成的部分,它们共同承载着生物体最基础且重要的功能。脑干,这个核心的区域,掌管着我们生命中不可或缺的功能,如呼吸、心跳、睡眠等。它是我们身体与大脑之间信息传递的关键通道,确保着生命活动的正常运转。

与此同时,小脑则负责协调我们的运动功能,确保身体的平衡与动作的流畅。无论是体育课上学习的复杂运动技能,还是日常生活中简单的行走动作,都离不开小脑的精确调控。

2. 边缘系统

边缘系统,这个被大脑皮层所包围的区域,虽然在解剖位置上相对隐蔽,但其功能却极为重要。边缘系统主管我们的情感体验,是恐惧、爱情等情感得以产生的源头。同时,它还肩负着学习、动机和记忆等多重职责。这里的"学习"并非指学校中的知识学习,而是指我们在日常生活中对行为决策的偏好和习惯的形成等。例如,当我们发现某个炸鸡店的蜜汁鸡翅特别美味时,边缘系统就会记录下这个美好的体验,并在未来促使我们再次光顾。

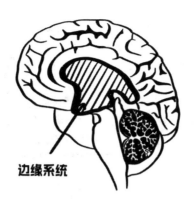

边缘系统

3. 大脑皮层

大脑皮层,就像核桃的壳层,是大脑的核心组成部分。在猴子、猩猩等灵长类动物中,这部分的发育尤为出色,因此它也被赋予了"灵长类大脑"的美誉。大脑皮层分为左脑和右脑两大区域,它们之间通过胼胝体紧密相连,共同协作。仔细观察,你会发现大脑皮层表面并不平坦,而是布满了沟壑和回折,这些凹下去的地方被称为脑沟,而凸起的部分则被称作脑回。

大脑皮层的重要性不言而喻。首先,从质量上来看,虽然整个大脑的重量约为 1500 克,但大脑皮层却占据了其中高达 90% 的质量,足见其地位之重要。其次,在功能层面,大脑皮层是我们想象、思考的源泉,它赋予我们理智与智慧,因此也被称为"理智脑"。最后,在记忆方面,大脑皮层同样扮演着举足轻重的角色。每一个新的记忆、每一个新的认知,都是在大脑皮层中诞生并得以储存的。

2.1.2 产生记忆的大脑皮层

根据对称性,大脑皮层分为左脑和右脑,而左脑和右脑又分为四大部分,分别为额叶、顶叶、枕叶、颞叶,如下图所示。

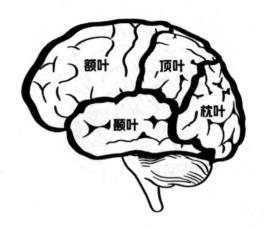

1. 额叶

额叶是大脑的总指挥中心，它收集大脑其他区域的信息，然后产生复杂的认知，如思考、判断和长远计划。在记忆方面，它也发挥了重要作用。它分析我们接收到的各种信息，找出其中的规律。例如，当我们听老师讲解了几个加法的例子后，额叶会从中找出计算规律，然后交由颞叶记忆。

2. 顶叶

顶叶负责处理多种感觉器官的感知活动，并和运动系统配合起来完成一些工作。例如，我们看到桌子上的笔，然后伸手拿起来，在旁边的纸上写字。在这个过程中，顶叶判断出笔的位置，然后协调运动系统准确地拿起笔，接着找到纸的位置，写出整齐的一行字。与此同时，顶叶也会把大量的空间信息记住，供日后使用。

3. 颞叶

颞叶主要负责听觉，帮助我们确认听到了什么，它还负责语言的理解。我们大部分的记忆都和颞叶相关，尤其是我们学到的各种知识，如各种数学常数、历史事件发生的时间、古诗词等。

4. 枕叶

枕叶负责视觉，帮助我们确认看到东西的大小、形状、颜色，以及这个东西是否在运动。它把处理后的信息发送给顶叶和颞叶。例如，我们看到桌子上的一个东西，枕叶辨别出形状是长条状，长度有十几厘米，颜色是黑色的等。这些信息被同时发送给顶叶和颞叶。颞叶根据以往的记忆，判断出这是一支笔。顶叶确定位置后，就能指导运动系统拿起这支笔。

大脑被分为不同的部分，每个部分都有其特定的功能。而这些部分又可以进一步细分为更小的区域，直到最后的神经元。

2.1.3 大脑的最小单位：神经元

无论大脑的结构如何复杂，其最基本的构成是神经元。我们的大脑大约有860亿个神经元，其最常见的形态像一滴水珠掉在桌子上溅开的样子，如下图所示。

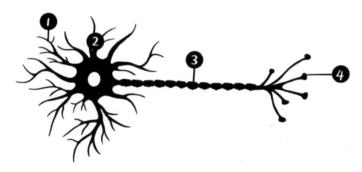

其中，中间的大水滴是神经元的胞体（②）。胞体的直径大约有4微米。从大水滴溅开的短小分叉是树突（①），一个神经元可能有很多个树突。大部分水滴都会溅射出一个长达几厘米的分叉，被称为轴突（③）。轴突的尽头又分出几个小叉，被称为突触（④）。

一个神经元通过突触连接另一个神经元的树突，形成一个神经元连接。我们的大脑有150万亿多个突触，可以形成150万亿多个神经元连接，从而形成一个复杂的网络。

2.1.4 我们的记忆在哪里

我们记忆的内容丰富多样,从唐诗到运动口号,从几何图形到跳远动作,每种记忆都有其独有的特征。面对如此多样化的记忆内容,大脑是如何利用形式单一的神经元进行存储的呢?

首先,我们需要理解单个神经元本身并不直接存储信息。相反,神经元之间的连接关系和连接强度才是信息的真正载体。就像在社会中,一个人的身份和角色并非由其本身决定,而是通过与他人的关系来定义的。同样地,神经元之间的连接关系构建了大脑中的记忆网络。

这些连接并不是随意形成的,而是遵循一定的逻辑和规则。大脑采用了一种高效且灵活的方式来组织这些神经元团组,即就近原则。这种原则意味着相关的记忆信息会被保存在处理这些信息的大脑区域附近。例如,与视觉相关的记忆会被保存在枕叶附近,与听觉相关的记忆则会被保存在颞叶附近。这种组织方式不仅方便了记忆的存储,还提高了记忆的提取效率。

然而,这种就近保存策略也导致了相关信息的分离。就像我们记忆中名叫"大橘"的橘猫,它的外形、声音和出没地点等信息被分别保存在大脑的不同区域。为了将这些分散的信息整合成一个完整的记忆,我们需要建立神经元之间的连接。这些连接就像我们大脑中的桥梁,将不同的记忆片段连接起来,形成完整的记忆。

实际上,我们学习的过程就是在不断地建立这些连接。通过反复地练习和复习,我们可以加强神经元之间的连接强度,从而提高记忆的稳定性和准确性。这种连接的建立和强化过程,正是我们大脑记忆机制的核心所在。

因此,虽然大脑中的神经元形式单一,但它们通过复杂的连接关系构建了一个庞大而灵活的记忆网络。这个网络能够存储和提取各种形式的记忆信息,使我们能够应对生活中的各种挑战和任务。

2.2 记忆的形成

记忆形成的核心在于神经元间连接的建立,这一过程虽然深藏于我们的大脑之中,无法直接感受,却使记忆显得神秘而难以捉摸。幸运的是,心理学家通过我们能够感知的层面,将记忆的形成过程划分为一闪而过的感官记忆、空间紧张的工作记忆、永久保存的长期记忆。

2.2.1 一闪而过的感官记忆

一天,我和同学一起骑车回家。在红灯前停下时,我们注视着眼前一辆辆疾驰而过的汽车,在心里默默计算着等待的时间。突然,同学兴奋地喊道:"快看,那辆红车,车牌号全是6!"我顺着他指的方向望去,只捕捉到了那辆红车的一个模糊背影。我半信半疑地问:"真的吗?我没看到车牌啊。"同学有些不满地瞪了我一眼,说:"那车刚刚从我们身边驶过,你怎么会没看到呢?"

事实上,那辆红车确实从我眼前疾驰而过,红底背景下的蓝色车牌在那一刻本应显得格外醒目。从理论上说,我理应注意到了车牌上的数字。然而,我却无法回忆起那串数字。这并不是因为我的记忆力不佳,而是因为我所看到的画面,在当时仅形成了一种短暂且不易被留存的感官记忆。

感官记忆是指我们通过眼睛、耳朵、皮肤、舌头等感觉器官接收的信息,并将其传递至大脑,从而形成的短时记忆。举例来说,当我们在教室里上课时,窗外掠过的黑影、背后传来的咳嗽声、脸上突如其来的刺痒,以及当我们回到家中厨房传来的炒菜声和饭菜的香气。我们能感知这些瞬间发生的事件,正是因为感官记忆的存在。

感官记忆的信息存储在不同的脑区。例如,声音通常被保存在大脑的颞叶中,视觉图像则被保存在枕叶中,而空间位置信息则被保存在顶叶中。尽管这些记忆在大脑中的位置各异,但它们都具备一个共性——

存在的时间极其短暂，通常只有零点几秒。例如，当我们走进教室，快速扫视一眼后，可能立即得出班里没人的结论，但具体的细节却会迅速淡忘。如果有人询问教室里的窗户是否关闭，我们可能需要再次观察才能给出准确的回答。

既然感官记忆如此短暂，那么同学是如何能够记住"66666"的车牌号的呢？这是因为他将短暂的感官记忆转化为了工作记忆。工作记忆是一种更为持久和可操作的记忆形式，它允许我们对信息进行加工、分析和存储，以便后续的思考和决策。

2.2.2 空间紧张的工作记忆

当某个感官记忆显得尤为关键时，它便被巧妙地转化为工作记忆。工作记忆不仅承载着记忆的使命，更是我们处理信息的得力助手。设想一下，当你正忙着用手机添加同学的微信时，对方仅用三秒便报出了微信号，而你则在接下来的十几秒内，准确无误地在手机上输入这个微信号。这十几秒内，你之所以能够牢记这个微信号，正是工作记忆的功劳。

值得一提的是，工作记忆的持久力远不止这十几秒，有时甚至能维持十分钟之久。与感官记忆不同，工作记忆的维护者是大脑中的额叶。

额叶如同一个信息调度中心,从其他脑区调取所需信息,进行处理,并据此做出各种决策。

作为记忆的一种形式,工作记忆的存在感极强。例如,当我询问你的卧室是什么样子时,你的脑海中很可能会立刻浮现卧室的画面:一张大床占据中心位置,床的左边是书桌,右边是床头柜,对面的墙上则挂着液晶电视机。这种视觉画面的再现,便是视觉回路在发挥作用。额叶通过激活枕叶中存储的卧室记忆,使我们仿佛再次"看到"自己的卧室。

除了视觉回路,工作记忆还涵盖了听觉回路。例如,在输入微信号时,我们虽然并未出声,但心里却在默念这个微信号,仿佛听到了它的声音。这其实是额叶激活了颞叶中的声音记忆,使我们"听到"了自己默念的声音。

然而,尽管工作记忆是我们思考的基石,但其容量却相当有限。例如,老师上完课,开始布置作业:"大家打开练习册,翻到第18页。这次的作业是第3题、第5题、第6、7、8、9题、第11题、第13题……"大家手忙脚乱地在练习册上不断地打钩,却跟不上老师的速度,只能嚷着:"老师慢点,老师慢点。"这是因为我们的工作记忆空间不够用了。

美国心理学家乔治·米勒对工作记忆的容量进行了深入研究,并提出一个数值——7。他认为,我们的工作记忆最多能保存 7 ± 2 个项目,即5到9个项目之间。但后续的研究表明,这个数字可能是被高估了,正常人的工作记忆可能最多能保存 5 ± 2 个项目。一旦超过这个范围,工作记忆便会自动舍弃部分信息,以腾出空间保存新的内容。

工作记忆的容量问题给我们的工作和学习带来了不小的挑战。遗憾的是,我们目前无法直接拓展其容量。但不必灰心,我们可以从"项目"这个角度入手,寻找解决方法。在工作记忆中,"项目"可以是任何事物,如单个字、词,甚至是一句话。例如,当听到"狐假虎威是一个成语"这句话时,工作记忆的使用量并非一直增加,而是随着理解的深入而有所变化。当我们听到"狐"时,占用了一个容量;随着听到更多的字,容量逐渐增加；但当我们意识到这是一个熟悉的成语时，整个成语便作为一个项目被记住了，占用的容量也随之减少。因此，通过合理划分和理解信息，我们可以在不超出工作记忆容量的情况下，轻松记住更多内容。

打个比方，我们可以把工作记忆的容量想象成是手中握有的五根绳子。这些绳子从额叶出发，用以连接我们脑中已有的记忆。当我们听到一个字时，我们会用一根绳子迅速地将它与对应的记忆连接起来。然而，当听到像"狐假虎威"这样的成语时，如果我们已经熟悉这个成语，那么我们就不必用四根绳子分别去连接"狐""假""虎""威"这四个字了，而是可以用一根绳子直接将整个成语与我们的记忆连接起来。

在后续的沟通过程中，我们会不断地重复这个过程，分析接收到的信息，从已有的记忆库中寻找与之匹配的内容，然后用最少的绳子（工作记忆的项目）来连接它们。这样，我们就能在工作记忆中保存更多的信息。

因此，扩展工作记忆的方法其实并不复杂，关键在于我们能否快速而准确地从已有的记忆中找到与新信息相匹配的内容。当我们能够找到更大的"项目"（比如一个熟悉的成语、一篇文章或是一个故事）来代表新接收到的信息时，我们在工作记忆中能够保存的信息量也会相应增加。例如，如果我们已经能够熟练背诵《岳阳楼记》这篇文章，那么当别人诵读全文时，我们其实只需要用一根绳子（一个工作记忆的项目）就能够将整篇文章与我们脑中的记忆连接起来，从而在工作记忆中保存这篇文章的内容。

2.2.3 误区：边听歌，边背单词

对于大部分人来说，背单词、抄写生字、背课文是既耗时又无聊的事情。然而，当我们一边听歌一边背单词时，就会觉得背单词也不那么无聊了。有的同学担心歌词会让自己分心，会专门选择听纯音乐。

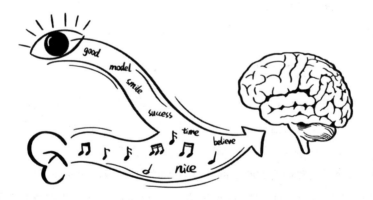

实际上，当我们试图同时处理两项任务时，往往容易分心，从而影响记忆效率。加拿大心理学家迈拉·费尔南德斯通过一系列实验深入研究了分心对记忆的影响。她发现，在记忆的同时进行其他活动，记忆效率会下降30%～50%。这种效率的大幅降低，很大程度上源于我们对记忆难度的低估。

在记忆过程中，我们常常会误以为要记住的内容非常简单。例如，一个单词看似只有七八个字母，似乎轻松就能记住；一个生字也不过是十几画或者几十画，抄写一遍似乎不费吹灰之力就能记住。然而，这种错觉让我们忽视了记忆所需的实际努力。

事实上，记忆是一项相当耗费精力的活动。大脑需要从多个角度解读和处理信息，以便形成持久而深刻的记忆。在这个过程中，工作记忆扮演着至关重要的角色。然而，如果我们在记忆时分心于其他事务，就会占据宝贵的工作记忆空间。当空间不足时，大脑不得不减少对信息的处理深度，从而导致记忆效果大打折扣。

因此，为了提高记忆效率，我们应该在记忆时尽量减少干扰，保持专注。当然，长时间的单一记忆活动可能会让人感到枯燥，这时我们可以采用多种形式来丰富记忆过程。例如，在背单词时，可以结合抄写、朗读和补全等多种形式；在记忆生字时，可以查阅字典了解发音和意思，再进一步查找相关词语和用法。通过多样化的记忆方式，我们不仅可以避免单一形式的枯燥乏味，还能从不同角度加深对信息的理解和记忆。

2.2.4　永久保存的长期记忆

工作记忆是信息的临时存储站，每时每刻都会有大量的信息涌入其中，但仅有极少数信息能够脱颖而出，被保存为长期记忆。长期记忆如同我们人生经历的宝库，深刻影响着我们的思维与行为。

例如，当我们看到路边的共享单车时，一系列的记忆被触发。我们还记得上周被扣的月卡钱，这种经济损失让我们产生了不想浪费的心理。于是，我们做出了骑单车去上学的决定。这个决定的背后，是长期记忆在为我们提供决定依据。

在准备骑车的过程中，我们熟练地拿出手机扫码，这一技能同样来自长期记忆的积累。而当我们骑出没多远，遇到红灯时，我们立刻做出了刹车的反应。这种刺激与反应之间的关联，也是长期记忆在发挥作用。

从看到共享单车,到做出骑车的决定,再到遇见红灯刹车停下,整个过程虽然短暂,但长期记忆却在其中扮演了重要的角色。它为我们提供了决定的依据,激发了我们的情感,指导了我们的行为,使我们能够灵活地应对生活中的各种情境。

由此可见,长期记忆对我们的生活有着深远的影响。它不仅是我们人生经历的记录,更是我们思维和行为的指导。

在学习过程中,长期记忆扮演着重要的角色。它如同一个巨大的宝库,储存着我们学习到的各种知识,使我们在需要时能够迅速提取并应用。下面,我们将进一步探讨长期记忆的特点及其在学习中的应用。

1. 长期性

长期记忆具有长期性。这意味着一旦信息被转化为长期记忆,我们就可以在很长的时间内保持并随时调用它。无论是英语单词、语文课文还是数学公式,只要我们将它们转化为长期记忆,就可以在需要时轻松提取。这种特性使得学习变得更有意义,因为我们可以将学到的知识长期保存并应用于实际生活中。

2. 容量大

工作记忆的容量相对有限,通常只能短暂地保存几个项目,而长期记忆则具有惊人的容量。根据美国心理学家的研究,长期记忆的存储容量可达1PB,这相当于1000多部顶级配置手机的存储容量。因此,我们不必担忧大脑无法保存需要学习的知识。

长期记忆之所以拥有如此巨大的容量,主要得益于其特有的关联机制。以汉字学习为例,当我们掌握了100个汉字后,再学习1个新的汉字,通过组合这101个汉字,我们可以得到远超过200个的词语组合。同样地,如果我们已经掌握了10000个汉字,再学习1个新的汉字,那么得到的词语组合数量将远超20000个。

因此,我们记住的东西越多,就越容易记住新的信息。这是因为大脑并不需要逐字逐句的记忆所有内容,而是通过与已有知识的关联来产生新的记忆。这也是许多学霸常说的,背的单词越多,背单词就变得越容易的原因。

3. 不精确性

长期记忆也存在不精确性的特点。由于记忆是通过关联信息来提取的,当关联的信息发生变化时,我们的记忆就可能出现偏差。因此,在学习过程中,我们需要不断回顾和验证所学知识,以确保记忆的准确性。通过反复练习和巩固,我们可以减少记忆偏差的发生,提高学习的效果。

为了充分利用长期记忆的特点来提高学习效果,我们可以采取以下策略。

(1)注重知识的关联和整合。通过将新的知识与已有的知识关联起来,我们可以更容易的记忆并理解新知识。同时,整合不同学科的知识,可以形成更为全面和深入的理解。

(2)采用多样化的学习方式。不同的学习方式可以刺激不同的大脑区域,从而提高记忆的效果。例如,结合听讲、阅读、讨论和实践等多种方式来进行学习,可以让我们更全面地掌握知识。

（3）定期复习和巩固。通过定期回顾和复习所学知识，我们可以加深记忆并巩固理解。同时，及时纠正记忆偏差，避免错误信息的积累。

总之，长期记忆是我们学习过程中的重要资源。通过了解其特点并采取相应的学习策略，我们可以更好地利用长期记忆，提高学习效果并丰富自己的知识体系。

2.2.5 误区：连续抄写，加强记忆

语文课上，那些生僻字总是难以留在我们的记忆里，而英语课的单词也似乎总与我们作对，难以掌握。面对这样的困境，老师和家长常给出的建议就是大量抄写，仿佛只要抄得足够多，就能记住。然而，这种看似简单粗暴的方法，效果却并不尽如人意。尽管手腕上的肌肉日渐发达，但生僻字和单词的数量却并未因此增长。

事实上，连续不断地抄写并非一个高效的记忆方法。以单词"study"为例，当我们首次抄写时，我们确实会从长期记忆中提取这个单词的意义，知道它表示"学习"；当我们第二次抄写时，我们可能会回忆起它的发音，"/'stʌdi/"；但在第三次、第四次甚至更多次抄写时，由于"study"的相关信息已经存在于工作记忆中了，大脑便不再需要从长期记忆中提取了，这就导致了抄写的重复性。此时，尽管我们的手部肌肉在不停地运动，但负责记忆的大脑神经元却可能并未得到充分的激活。

为了提高抄写的效率，我们可以尝试将其分为几轮进行，每轮只抄写几次。如果我们记忆单词主要依赖发音和语义，那么每轮抄写两次或许就足够了。重要的是，每轮之间的间隔应控制在十分钟以上，给大脑足够的时间去处理和巩固这些信息。这样，我们不仅能减轻手部抄写的负担，还能让记忆更加深入和持久。

2.3 加工记忆的工厂：海马体

大脑中有很多区域和记忆相关。例如，顶叶存储空间记忆，额叶存储语义记忆，枕叶存储视觉记忆，杏仁核存储情绪记忆。但是，与生成记忆最相关的却是海马体，因此，它也被称为"记忆工厂"。

2.3.1 蒙冤的海马体

大约在1564年，解剖学家朱利奥·凯撒·阿兰齐在大脑中发现了一个组织，其形状酷似海马，于是将其命名为海马体。最初，阿兰齐认为海马体与嗅觉相关。然而，到了1900年左右，有研究者提出了不同的观点，认为海马体可能与记忆有关。经过科学家的深入研究，他们发现海马体与嗅觉无关，而是与情绪有关联。但直到1957年后，随着研究的深入，科学家们才最终确认海马体是掌管记忆的关键部位。

除了海马体，大脑中还有许多其他脑组织也参与了记忆的生成，但海马体被誉为"记忆工厂"。这是因为海马体与两种重要的记忆紧密相关——情节记忆和语义记忆。情节记忆存储着我们的个人经历,而语义记忆则保存着我们掌握的各种知识。这两者记忆对学习至关重要,缺一不可。

作为记忆工厂,海马体的原料主要来源于工作记忆,而经过其加工后形成的就是长期记忆。每当工作记忆中出现引人注意的信息时,海马体便开始发挥作用,对这些信息进行深入的加工。这一过程可能相当漫长,有时甚至可能持续两年之久。由于加工过程极为耗时,海马体对信息的筛选非常严格,它往往会对工作记忆中的大多数信息视而不见。因此,如何吸引海马体的注意,成为提高记忆效率的关键所在。

2.3.2 新奇特激活海马体

初中物理课上,老师详细阐述了物质的三态转变:"物质存在液态、固态和气态三种形态,并且它们之间可以相互转化。举个例子,即使在冬天的低温下,湿衣服也能自然晾干,这其实就是物质从液态直接升华为气态的过程。"尽管老师讲解得很用心,但我们却听得有些乏味。然而,就在此时,老师突然拿出一个保温杯,轻轻摇晃,发出"咣当咣当"的声音,随后宣布:"接下来,我们要进行一个有趣的实验。"

他先是拿出一个小盆,倒入清水,然后打开保温杯的盖子,一缕缕白烟缓缓冒出。紧接着,他将保温杯中的物质倒入小盆中,顿时,大量的白烟喷涌而出,迅速覆盖了整个桌面,甚至顺着桌子边缘流淌而下。第一排的同学被这突如其来的景象吓得尖叫起来,纷纷往后退避。此时,老师趁机解释:"这也是升华现象。我刚才倒入水中的是固态的二氧化碳,也就是干冰。当它与水接触时,会迅速转化为气态的二氧化碳。"

实验结束后,每个同学都牢牢记住了升华的概念——物质从固态直接变为气态的相变过程。在两个月后的物理考试中,尽管在其他知识点上有人失分了,但在"升华"这个知识点上,却无人出错。这正是因为新奇特的实验激活了我们的海马体,使其印象深刻。

当海马体接收到信息时，它会首先在长期记忆中搜寻是否有相同或相似的信息。如果找不到匹配项，海马体便会将这一新信息传递给大脑中的伏隔核。伏隔核会对这一信息进行评估，若认为其超出预期，便会激活腹侧被盖区的多巴胺神经元。这些神经元进而刺激海马体，增强LTP（长时程增强效应），加速长期记忆的形成。

信息越是新奇独特，它所引发的刺激就越强烈，大脑分泌的多巴胺也就越多，从而促使长期记忆更快地形成。在教室里，当一个小小的水盆中突然冒出大量的白烟时，这种前所未见的景象让我们惊叹不已。

相比之下，老师之前提到的冬天晾衣服也能干的例子就显得平淡无奇。因为这属于生活常识，即使不上物理课，我们也早已知晓。因此，当老师再次提及这一点时，海马体并未被激活，我们只能通过其他方式来巩固这一记忆，使其逐渐形成长期记忆。所以，在学习的过程中，我们可以尝试创造一些新颖独特的方式，以提高记忆效率。本书后续将介绍多种利用这一原理的记忆法，来帮助大家更有效地记忆知识。

2.3.3 情绪激活海马体

回想去年我们所经历的各种场景，那些深深烙印在脑海中的记忆片段往往都伴随着强烈的情绪。无论是站在讲台上接受老师表扬时的喜悦以及被老师批评时的尴尬，还是看到电影中恐怖场景时的惊恐，亦或是生日聚会上的欢乐，这些情绪都为我们的记忆增添了独特的色彩。

这些记忆有一个共同点，即都包含了我们强烈的情绪。情绪，这个看似微不足道的因素，实际上在记忆的形成中扮演着举足轻重的角色。在欧洲中世纪，由于社会发展相对落后，很多事情都需要通过人的记忆来传递。例如，婚礼上的见证人习俗，就是源于那个时代人们对记忆的依赖。而为了加深记忆，他们甚至采取了打架、被绑到树上挨打等极端方式。这些方法虽然野蛮，但从心理学角度来看，它们确实能够借助强烈的情绪来加深记忆。

我们的大脑中有一个负责情绪的工厂——杏仁体。每当大脑接收到信息时，它都会将信息传递给杏仁体。根据信息的不同，杏仁体会产生相应的情绪反应。例如，当我们听到欢快的笑声时，杏仁体会让我们感到轻松愉悦；而当我们听到悲伤的哭声时，它会让我们感到痛苦和同情。

更为关键的是，杏仁体在产生情绪的同时，还会激活海马体，促使海马体将当下的情形转化为长期记忆。情绪越强烈，海马体的激活程度就越高，记忆也就越深刻。这种机制在人类的生存和进化中起到了至关重要的作用，它帮助我们记住那些可能对我们构成威胁或带来机遇的情形，以便我们能够及时做出反应。

虽然现在我们不需要像中世纪婚礼上的见证人习俗那样采取极端的方式来加强记忆，但我们可以利用这种情绪与记忆之间的关联来提高记忆效率。例如，在学习时，我们可以尝试将学习内容与强烈的情绪联系起来，想象自己在考试中取得好成绩时的喜悦，或者想象自己答不出问题时的羞愧。这些情绪都会激发我们的记忆潜能，让我们更加专注于学习。

此外，很多记忆法也巧妙地利用了这种机制。通过创造与学习内容相关的情绪场景，我们可以更轻松地记住复杂的信息。在后续的内容中，我们将进一步探讨这些记忆法的具体运用和技巧。

第 3 章
使用记忆的三个过程

老师站在讲台上,郑重其事地宣布:"请大家务必牢记这些内容,考试时会涉及的。"然而,尽管老师反复强调,大部分同学仍然难以记住。这并非因为我们缺乏努力,而是我们对记忆的运用方式缺乏深入的理解。记忆的运用实际上包含三个关键环节:首先是记忆的编码过程,即将信息有效地输入大脑的过程;其次是记忆的巩固过程,即确保信息能够长久地被保存在大脑中的过程;最后是记忆的检索过程,即能够在需要时快速准确地提取出相关信息的过程。只有当我们充分理解和掌握了这三个过程,才能真正驾驭记忆,将其运用自如。

3.1 将内容输入大脑:编码

在课堂上,虽然我们共同面对老师的讲解,但每个人对知识的吸收和掌握却千差万别。这种差异很大程度上源于记忆加工的第一个关键环节:记忆的编码过程。在这个过程中,大脑对接收到的信息进行编码,并在神经元之间建立特定的连接。不同的连接方式会导致不同的编码结果。

3.1.1 输入的三种方式

在学习的过程中,我们常用的编码方式有三种:视觉编码、听觉编码和语义编码。

1. 视觉编码

视觉编码是大脑对眼睛所接收到的视觉信息进行加工和处理的过程。通过视觉编码,我们能够快速分辨和识别不同的视觉元素,如形状、颜色、文字等。在学习中,视觉编码扮演着重要的角色。

当我们抄写单词、阅读课文或浏览书籍时,视觉编码帮助我们准确地识别文字、符号和图案。例如,我们能够迅速分辨出这本书是黑白印刷的;当前页面以汉字为主,其中还夹杂着一些英文字母和阿拉伯数字。这种对页面布局和内容的视觉感知,使我们能够更高效地获取和理解信息。

在考试中,视觉编码同样发挥着重要作用。补全古诗、分辨错别字等题目都需要我们依靠视觉编码来准确识别和记忆相关的视觉信息。通过视觉编码,我们能够快速回忆起诗句的排列顺序、错别字的具体形态等,从而准确完成题目。

因此,视觉编码不仅是我们学习和阅读的基础,也是考试中不可或缺的一项能力。通过不断锻炼和提高视觉编码能力,我们可以更加高效地学习和应对各种考试。

2. 听觉编码

听觉编码是通过耳朵接收声音信息,并在大脑中进行编码的过程。它在我们日常生活中无处不在,无论是聆听自然中的鸟鸣,还是课堂上听老师的讲解,都涉及听觉编码的作用。在学习中,朗读课文、单词等活动直接体现了听觉编码的参与。在考试中,英语听力测试更是对听觉编码能力的直接检验。

然而,值得注意的是,每种语言的音标数量有限。以汉语和英语为例,汉语有 10 个元音和 22 个辅音，而英语则拥有 48 个音标。这种有限性导致我们在学习过程中会遇到大量的同音词或发音相近的词。这些词语不仅可能对我们的工作记忆造成干扰，使我们在短时间内难以区分和记忆，还可能对长期记忆产生负面影响，增加了记忆混淆和遗忘的风险。

因此，在学习和记忆过程中，我们需要特别注意同音词或发音相近词的辨别和记忆。我们可以通过多次重复、语境联想、发音对比等方法来加深对这些词语的理解和记忆，减少听觉编码过程中可能产生的干扰和混淆。同时，我们也可以利用听觉编码的特点，通过朗读、听力练习等方式来加强相关信息的记忆和巩固。

3. 语义编码

语义编码是对信息所蕴含的意义进行深层理解和编码的过程。当我们听到"苹果"这个词时，大脑不仅会识别这个词的音节和发音，还会立刻联想到它是一种可口的水果，具有甜美的味道。这种对词语意义的理解和联想，就是语义编码的体现。同样地，当我们看到实际的苹果时，我们也会通过语义编码将其识别为一种可以直接食用的水果。

在学习过程中，语义编码扮演着重要的角色。我们投入大量的时间和精力来理解各种词语背后的深层含义，以及它们之间的相互关系。这种理解不仅有助于我们更好地掌握知识点，还能够提升我们的思维能力和解决问题的能力。在考试中，许多题目都是对语义编码能力的考查，比如求解数学算式的值或证明某个推论，都需要我们深入理解题目中的概念、原理和逻辑关系。

此外，学习中经常遇到的同义词和近义词并不会对记忆产生太大的干扰。大量实验数据显示，语义相近的词语对短期记忆只有轻微的干扰，而对长期记忆的影响可以忽略不计。这一发现进一步证实了语义编码在帮助记忆方面的有效性。通过深入理解词语的意义和相互关系，我们能够更准确地记忆和运用所学知识。因此，语义编码不仅是一种重要的学习方式，也是一种高效的记忆方法。

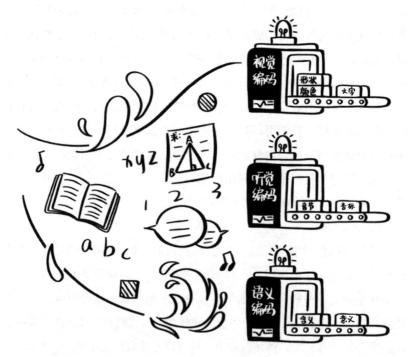

4. 编码方式的自然选择

面对视觉编码、听觉编码和语义编码这三种方式，我们在学习过程中其实往往是自然切换、混合使用的。大多数时候，我们并不会有意识地选择特定的编码方式，而是随着环境和需求的变化自然地做出选择。

以抄写类作业为例，当我们一边看着书、一边在作业本上抄写时，视觉编码是主导方式。我们的眼睛专注于书页上的文字，大脑则将这些视觉信息转化为书写动作。然而，如果在这个过程中我们默读文字，那么听觉编码也会参与其中。我们会听到自己默念的声音，从而加深记忆。此外，如果我们有余力去深入思考文字的含义，那么语义编码也会发挥作用。我们会尝试理解每个词语背后的意义，以及它们之间的逻辑关系。

在课堂上，情况也是类似的。当老师在上面讲课，我们在下面做笔记时，听觉编码是主要的编码方式，我们聆听老师的讲解，捕捉每一个重要的信息点。然而，如果我们能够跟上老师的节奏，并且有时间去思考和理解这些内容，那么语义编码就会发挥作用。我们会尝试理解老师所讲的概念、原理或故事背后的深层含义。当然，如果我们觉得听讲有些吃力，或者内容过多难以立刻理解，那么我们可能会更加专注于记录老师的话语或板书，这时视觉编码就会占据主导地位。

因此，我们可以看出，视觉编码、听觉编码和语义编码并不是孤立存在的，而是相互交织、相互影响的。在学习的过程中，我们应该根据具体的任务和情境灵活运用这些编码方式，以提高学习效率和质量。

3.1.2　使用更有效的输入方式

对于视觉编码、听觉编码和语义编码，哪一种编码更有利于记忆呢？

心理学家对此进行了深入研究，结果表明，记忆的深度与我们对信息的加工深度密切相关。在这三种编码方式中，语义编码因其深度加工的特点而显得尤为突出，相比之下，听觉编码和视觉编码的加工深度则较浅。

加拿大心理学家弗格斯·克雷克和安德尔·托尔文曾进行了一项实验，旨在验证视觉编码、听觉编码和语义编码在记忆效果上的差异。他们召集了志愿者参与记忆单词的实验，并通过提出不同的问题来引导志愿者采用不同的编码方式。

例如，通过提问"这个单词是大写的吗？"来引导志愿者关注拼写；通过提问"这个词和 Weight 押韵吗？"来引导志愿者关注发音；而通过提问"这个词是表示一种鱼吗？"来引导志愿者关注单词的含义。记忆完成后，志愿者需要回答一系列"是"与"不是"的问题。实验结果表明，使用单词含义记忆的志愿者在准确率上远超使用拼写和发音记忆的志愿者。统计结果如下图所示。

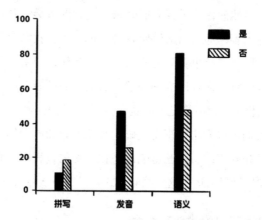

统计结果显示,对于"是"类问题,使用语义编码的志愿者的正确率高达81%,远高于拼写的15%;对于"否"类问题,使用语义编码的志愿者的正确率也达到了49%,远高于拼写的19%。

从实验数据可以清晰地看到,语义编码的记忆效果是拼写编码的2.5～5.4倍。这也正是老师们经常强调的"理解大于记忆"的原因所在。理解意味着从语义的角度去深入记忆,而单纯的"记忆"往往只是停留在文字的视觉编码层面,即表面的字形记忆。因此,从提升记忆效果的角度来看,我们应该更加注重语义编码的运用,而不是仅仅停留在视觉编码和听觉编码的浅层次上。

(1)在完成抄写作业时,我们不仅要默读文字,更要深入思考其背后的含义。不要因为急于完成作业而忽略了对内容的深度理解和加工,否则我们的记忆加工就会停留在浅层次,难以形成持久的记忆。

(2)在课堂上,我们应该将重点放在理解老师讲解的内容上,而不是一味地忙于记录笔记。毕竟,笔记可以课后补充,但课堂上的讲解一旦错过,就无法再重现。因此,我们要珍惜课堂上的每一分钟,努力理解并掌握老师传授的知识。

(3)在做题时,我们要注重理解题目的解题思路和方法,而不是机械地背诵解题步骤。即使能够暂时记住解题步骤,因为缺乏理解终将导致快速遗忘。通过深入理解题目和解题思路，我们可以更好地掌握解题技巧，提高解题能力。

3.1.3 误区：笔记整理得越好，记忆效果越好

上学时，我时常不记笔记，而是课后向其他同学借阅。通过比较，我发现一个有趣的现象：中等生的笔记，尤其是女生的，往往更具参考价值。她们的笔记不仅详尽，而且布局美观，红笔、绿笔标注得井井有条，甚至用荧光笔突出了公式和要点。

然而，据笔记做得极好的同学小美透露，她课后都会重新誊写一遍笔记，每天花费 2～3 个小时进行整理。令人费解的是，尽管投入如此多的时间，她的成绩却始终徘徊在中游，从未进过前十名。这究竟是为什么呢？

其实，问题的根源在于加工深度不足。小美在课堂上忙于记笔记，课后又投入大量时间进行誊写，但这些工作大多停留在视觉编码的浅层次。她过于关注笔记的工整和美观，却忽视了知识点本身的意义和深度理解。

事实上,浅层加工的效果是有限的。心理学家曾进行过一个关于记忆时间的实验,他们让志愿者通过数单词的字母数量来辅助记忆。然而,尽管志愿者花费了大量时间,但他们的记忆成绩并未得到显著提升。这充分说明,当视觉编码的作用达到极限时,再多的时间投入也是徒劳的。

因此,我们在做笔记时,不应过分追求形式上的美观,而应更加注重对知识点的理解上。只有深入理解和思考,才能真正提高记忆效果和学习成绩。

3.1.4 如何避免记混——唯一性

在初中时期,我们班里有一位名叫小王的同学,他的记忆力非常差,因此大家给他起了一个外号——"一根筋"。举个例子,老师第一天讲了:"长方形是一种平行四边形。"第二天又补充说:"正方形是一种平行四边形。"到了第三天提问小王:"平行四边形有哪些种类?"小王却只记得正方形,把长方形忘得一干二净。

虽然小王的情况比较特殊,但这种记忆内容相互干扰的现象并不罕见。例如,我们学了杜甫的《绝句》后,再学杜牧的《清明》,很容易将两位诗人的名字混淆,甚至完全忘记杜甫。这是因为他们的名字相似,且都是唐代诗人,这种相似性导致了记忆上的干扰,即编码痕迹的不唯一性。

为了验证编码痕迹的唯一性对记忆的影响,心理学家弗格斯·克雷克进行了一项实验。他召集了36名大学生,分为两组进行单词记忆测试。每组又细分为三个小组,分别使用音律、类别和句子三类问题来辅助记忆。每个问题都写在一张卡片上,并根据答案分为"是"和"否"两种类型。

实验过程中,第一组大学生面对的问题都是唯一的,而第二组大学生面对的问题则存在重复。实验结束后,实验人员要求大学生们回忆实验中考查过的单词,并提供他们曾经看过的卡片作为提示。结果显示,面对唯一问题的第一组大学生的成绩显著优于面对重复问题的第二组大学生，尤其当答案为"是"的问题时，这种优势更加明显。

这个实验清晰地表明，编码痕迹的唯一性对于记忆效果至关重要。当信息编码受到其他相似信息的干扰时，记忆效果会大打折扣。因此，我们在学习和记忆时，应尽量避免信息的混淆和重复，以提高记忆的质量和准确性。

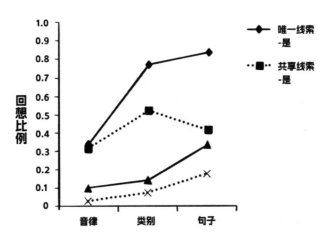

产生如此差异的原因在于，大学生是根据所提问题的特性对单词进行编码的，从而优化记忆效果的。当问题具有唯一性时，所产生的编码和回忆线索也具有唯一性。在回想测试中，具有唯一性的题目因其线索的独特性，能够轻易唤醒记忆。相比之下，具有共享线索的题目由于线索的非唯一性，往往难以唤醒相关记忆。

这就像我们在学习唐代文学时，发现姓杜的诗人有两位，却容易混淆甚至遗忘其中一位。为了避免此类问题，我们需要深入挖掘类似事物间的差异，使记忆的编码具有独特性。以长方形和正方形为例，尽管它们都是平行四边形，但正方形的四条边等长且四个角均为直角，这一特性使得二者在记忆中得以区分。

对于杜甫和杜牧这两位唐代诗人，我们可以从他们的出生时间上进行区分。杜甫出生于公元712年，而杜牧则出生于公元803年。因此，人们习惯称杜甫为"大李杜"、杜牧为"小李杜"。这种称呼不仅易于记忆,还体现了他们之间的时间差异。

值得注意的是,即使面对的都是唯一性的问题,大学生在回答音律、类别、句子三类问题时所表现出的记忆效果也各不相同。其中,句子问题对记忆的提升效果最为显著。这是因为音律和类别问题在实现唯一性方面相对困难。例如,发音为"lú"的汉字众多,这使得问题虽然唯一,却容易与大学生原有的记忆产生混淆。

相比之下,语义变化更为灵活多样,更容易形成唯一性。当问题与单词的匹配度越高、越具有唯一性时,人们的记忆效果就越显著。例如,"蓝鲸是世界上最大的哺乳动物吗?"这一问题比"蓝鲸是哺乳动物吗?"更能加深我们的记忆,因为"最大的哺乳动物"这一描述在语义上具有独特性。因此,在记忆时,我们应注重从语义层面寻找和创造独特性,以提高记忆效果。

以正方形为例,我们不应仅从字面上区分它与长方形,而应从其定义上入手,即四条边都相等的长方形才能称为正方形。同样地,我们之所以称杜甫为"大李杜"、杜牧为"小李杜",是因为杜甫比杜牧早出生近一个世纪,这种时间上的独特性有助于我们在记忆中区分这两位诗人。

3.2 将记忆保存在大脑:存储

存储是大脑对信息进行保存的关键过程。在这一过程中,与记忆密切相关的神经元团组会逐步加强它们之间的联系,这种连接的强化可以持续长达两年之久。然而,一旦这些连接中断,我们便会面临遗忘的困境,我们就无法回想起原本需要记住的内容。因此,如何提升存储的效率与持久性,便成了至关重要的问题。

3.2.1 遗忘是必然发生

昨天我们刚背完《岳阳楼记》，今天就开始有些遗忘了，到了明天，或许只能记得其中的几个句子。这种记忆逐渐减退的现象，最终会导致我们完全遗忘。这个问题确实令人苦恼，但遗忘其实是大脑的一种自我保护机制。我们每天接收的信息量巨大，其中大部分信息对日后并无实际帮助，因此大脑会选择性地遗忘这些信息。

例如，我们可能清晰地记得早上出门的时间、骑车的路线以及到达学校的时间。但如果在接下来的日子里，这些信息没有被再次用到，大脑就会认为它们不再重要，从而逐渐遗忘。同样，即使是我们努力背诵的课文、单词和公式，如果长时间不使用，大脑也会认为它们不再重要，进而遗忘。

心理学家艾宾浩斯提出的记忆遗忘曲线，很好地描述了这一现象。记忆后的半小时内，大脑会遗忘约 41.8% 的内容；一小时后，遗忘率会上升到 55.8%；一天后，遗忘率会达到 66.3%；两天后，遗忘率会进一步升至 72.2%；而一个月后，遗忘率会高达 79.9%。因此，一两天后忘记之前学过的内容，实际上是非常正常的现象。

记忆减退的过程其实也是大脑神经元连接发生变化的过程。我们可以将记忆团组比作一个班级的学习小组。每次我们调用这个记忆，就相当于学习小组举办了一次活动。如果学习小组长期不举办活动，成员之间的关系就会逐渐疏远，甚至可能忘记自己还是这个小组的一员。

同时，大脑每天都在经历神经元的更新换代。旧的神经元会死去，新的神经元会诞生。这就如同学校中不断有新生入学和老生毕业。如果某个学习小组的成员退出，特别是核心成员，那么这个小组可能会面临解散的风险。而新成员的加入，则会给小组带来新的活力和变化。因此，我们需要不断地调整小组的成员和任务分配，以保持小组的活跃性和稳定性。

为了对抗记忆减退，我们需要定期复习所学内容。通过不断地回顾和巩固所学内容，我们可以加强神经元之间的连接，提高记忆的持久性。同时，我们也需要保持积极的心态和良好的生活习惯，为大脑提供一个良好的学习和记忆环境。

3.2.2 用更高效的复习对抗遗忘

为了有效地对抗记忆减退，复习是我们不可或缺的手段。如果我们忽视复习，那么遗忘的阴影便会悄然降临，导致我们不得不重新投入时间去学习那些早已接触过的知识。复习需要投入时间，重新学习亦然。然而，对于忙碌的我们来说，课堂学习和作业完成之后，剩余的时间显得尤为珍贵。那么，我们究竟应该如何选择，才能更高效地利用这些时间呢？

有些同学认为，即便复习了，遗忘仍然难以避免。因此，他们选择等到需要用到知识时再重新学习。他们坚信，只要曾经掌握过一次，再次学习也并非难事。这种观点乍听之下似乎颇有道理，但它真的比持续的复习更省时间吗？

艾宾浩斯曾进行过一项实验，旨在探究不同记忆方式的效果。为了记住包含 12 个音节的单词组，他采用了两种记忆策略：第一种策略是在连续三天内，总共诵读 38 次；第二种策略则是直接连续诵读 68 次。实验结果令人惊讶，两种策略的记忆效果竟然完全相同。基于这一发现，艾宾浩斯得出一个重要结论，即在一段时间内合理分配复习次数，相较于集中复习，其效果更为显著。这为我们提供了一个宝贵的启示，即通过科学的复习方法，我们可以更加高效地巩固记忆，避免不必要的重复学习，从而节省宝贵的时间。

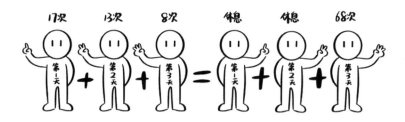

这个记忆规律被称为间隔效应,在其有效性背后隐藏着深刻的科学原理。心理学家们发现,即使在我们不主动学习的时候,大脑仍会自动回顾已学过的内容,特别是在我们进入梦乡时。因此,虽然我们感觉上没有进行复习,但实际上大脑仍在默默地进行复习,且不占用我们的清醒时间。

在传统的学习模式中,老师往往会在期中或期末考试前组织学生进行集中复习。然而,从间隔效应的角度来看,这种突击式的复习方式并非最高效的。老师的这种安排更多的是为了帮助学生查漏补缺,确保知识点得到巩固。因此,我们不应过分依赖这种临时性的复习效果,而应学会将复习融入日常学习中,使其成为一种习惯。

为了更有效地进行复习,我们需要做以下准备工作。

(1)对于零散的知识点,我们可以制作卡片,将英文单词、语文生词等抄写在上面,并为每张卡片编号。对于大块的内容,如需要背诵的整篇课文等,我们可以直接在书上做好标记。

(2)在安排复习时间时,如果有充足的时间段,我们应优先复习大块的内容,并在复习后记录下时间。对于卡片上的知识点,我们可以利用零碎的时间进行复习,每复习完一张卡片就将其放到后面,这样便能实现循环复习。

每个学期开始时,我们的学习负担相对较轻,复习起来也较为迅速。然而,随着学期的推进,需要复习的内容逐渐增多,所需时间也相应增加,这可能会给我们带来一定的压力。那么,我们究竟应该为复习预留多少时间呢？

心理学家哈罗德·帕施勒对此进行了深入研究，并给出了一个建议，即复习时间的间隔应为距离考试时间的 10%～20%。例如，如果我们计划在三个月后参加期末考试，那么每个知识点的复习间隔应为 9 天到 18 天。我们按照这个间隔完成一轮复习，就可以取得最佳的学习效果。

3.2.3 误区：复习的次数越多，效果越好

学期伊始，作业相对轻松，复习任务也不繁重，我们往往能享受到一段较为闲适的时光。此时，父母常常会建议我们："趁着现在时间充裕，多复习几次，免得日后时间紧迫，复习不过来。"听起来颇有道理，于是我们按照建议，多抄几遍单词，多看几遍书，短期内效果确实显著，记忆内容清晰如初。

然而，当我们已经能够轻松记住某些内容，却仍继续重复复习时，这被称为过度学习。在日常学习中，过度学习是一种常见的现象，老师有时会要求我们反复抄写单词或古诗，以期达到强化记忆的效果。但很多时候，这种方法并未能达到我们预期的成效。

美国心理学家道格·罗勒专门研究了过度学习对长期记忆的影响。在他的实验中，过度学习的志愿者比普通学习的志愿者多花三倍的时间进行学习。实验结果显示，虽然过度学习在短期内能够显著增强记忆效果，但这种优势随时间推移而逐渐减弱。在一周内，过度学习的志愿者能记住近 70% 的内容，而普通学习的志愿者只能记住约 30% 的内容。然而，在四周后，两者的记忆效果均大幅下降，过度学习者也仅能记住约 30% 的内容，而普通学习者仍能记住 16% 的内容。

由此可见，过度学习虽然短期内有效，但并非促进长期记忆的理想方式。投入四倍的学习时间并未换来四倍的记忆效果，且随着时间的推移，这种效果逐渐消失。因此，对于一个月后的考试，过度学习可能并非最佳选择。然而，若复习内容即将在一周内使用，过度学习则能发挥其独

特价值。

在学期之初,时间相对宽裕,我们更应充分利用这段时间进行预习。例如,对于语文科目,我们可以提前背诵即将学习的课文;对于英语科目,我们可以提前掌握新单词。这样,我们不仅能够更好地利用间隔效应提高记忆效果,还能为日后的学习打下坚实的基础。

3.2.4 如何避免新知识冲击老知识

在记忆英语单词的过程中,有些词汇相对难掌握,尤其是像月份这样一组具有相似结构但又各具特色的单词。最初,老师分别教授了我们"March"是三月,"August"是八月,以及"September"是九月,这三个单词我们相对容易地记住了。然而,当老师决定一次性教授 12 个月的英文单词时,问题便出现了。上午我们刚刚记熟了从一月到六月的单词,下午再学七月到十二月的单词时,难度明显增大。到了第二天,我们不仅没能完全记住新学的单词,就连之前轻松记住的单词也变得模糊了。这确实是一个挑战,但也提醒我们在记忆过程中需要采取更加科学、系统的方法。

面对这种情况,老师们尝试了各种方法,连续教了一周,但效果依然不佳。最后,老师只得放弃专门教授这十二个单词,改为每次英语早自习时带领大家复习一遍。就这样,我们混混沌沌地度过了半个学期,才勉强记住了这些单词。这种现象,我们称之为记忆干扰。记忆干扰通常有以下两种表现形式。

第一种是记忆混淆,也就是张冠李戴。例如,我们学习了李白的《望天门山》后,再学苏轼的《饮湖上初晴后雨》,由于两首诗是接连学习的,我们很容易将它们的作者混淆。

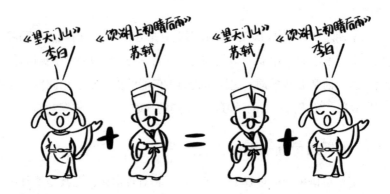

第二种是部分遗忘。例如，我们学了杜甫的《绝句》，随后又学习杜牧的《山行》。结果，我们可能只记得唐代有个姓杜的诗人叫杜牧，而完全忘记了杜甫的存在。这种情况的发生，很大程度上是因为杜甫和杜牧都是唐代著名的诗人，他们的信息在大脑中产生了干扰。

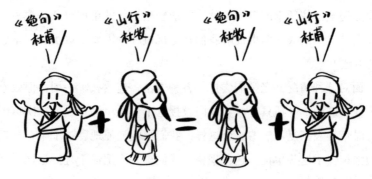

无论是哪种形式的记忆干扰，其根源都在于我们大脑中的记忆存在共同部分。以记忆杜甫和杜牧为例，他们的相关信息在大脑中相互交织，如两人都姓杜，且同为唐代诗人。我们先学习了杜甫的诗，但如果没有及时巩固，那么对杜甫的记忆就会逐渐模糊。当再学习杜牧的诗时，大脑可能会将两者的信息混淆，导致我们无法准确回忆起杜甫。

为了消除这种记忆干扰现象，我们需要采取以下措施。

（1）不断复习，确保记忆不会彻底消退。只有保持一定的记忆强度，我们才能及时发现记忆干扰的存在。如果已经完全忘记，那么自然就不会发生记忆干扰了。

（2）学会发现那些让我们感到困惑的信息。例如，在学习苏轼的《饮湖上初晴后雨》时，我们应该意识到，最近我们还学过另外一首古诗，也就是李白的《望天门山》。

（3）区分这些困惑信息的不同之处。通过对比李白和苏轼，我们可以发现，尽管他们都是著名的诗人，但他们的出生年代并不相同。李白是唐朝的诗人，而苏轼则是宋代的诗人。

（4）将这些信息整合在一起。例如，为了更好地区分李白和苏轼，我们可以将他们的信息放在一起进行加工。根据他们所处的不同朝代，我们可以称李白为"唐李白"，称苏轼为"宋苏轼"。这样，我们就能够更清晰地记住他们的区别，减少记忆干扰的发生。

3.3 访问大脑的记忆：检索

检索是大脑从存储的信息中提取特定记忆的过程。在这个过程中，大脑会依据提供的线索，定位到与这些记忆相关的神经元团组，随后激活这些团组，从而提取出对应的记忆内容。然而，如果大脑根据线索无法找到对应的神经元团组，那么我们就会遗忘。检索失败成了遗忘的一个重要原因。

3.3.1 想起来才算记住

语文课上，老师正在检查古诗《九月九日忆山东兄弟》的背诵情况，老师环视全班，寻找着合适的背诵者。由于我昨天刚背过这首诗，所以我自信地抬起头，迎向老师的目光，心中暗自期待能被选中。

果然,老师的目光落在了我的身上,但出乎意料的是,他又将视线转移到了我旁边的同桌身上。我好奇地扭头一看,发现同桌正低着头,显然是没有做好准备。我心中暗叫不妙,似乎是我无意中把"焦点"引到了同桌的身上。

同桌慢吞吞地站起来,开始背诵:"独在异乡……嗯……为异客,每逢佳节……嗯……嗯,倍思亲。遥……遥……。"看他如此吃力,我心中不忍,于是低声提示道:"遥知!遥知!"在我的几次提示下,同桌才勉强完成了背诵。

然而,老师却对同桌说:"由于你是在同桌的提示下才背出来的,所以这并不能算作真正的背诵。罚你抄这首诗十遍,明天交上来!"听到这里,我心中不禁有些疑惑:"为什么有了提示,就不能算作背诵呢?"

在线索的提示下,我们的回忆效果会得到显著提升。相反,如果没有这些提示,情况就会大不相同。心理学家弗格斯·克雷克曾进行过一项实验,旨在探索提示与回想之间的关联。

他们召集了36名大学生,并将他们分成多个小组,进行了一项单词记忆实验。在实验开始前,学生们被告知他们需要注意问题的准确性和回答问题。实验开始后,每个学生首先会看到一个问题,随后会看到一个单词,并被要求根据这个单词以最快的速度回答问题。

问题的类型被精心划分为三大类:第一类是单词的发音问题,比如询问单词是否与另一个单词押韵;第二类是单词的类别问题,比如询问单词是否属于名词;第三类是单词的适用性问题,比如询问"东西掉在地上了"这个句子是否适合使用某个单词。每类问题再根据答案的"是"与"否"进一步细分为两小类。因此,问题总共被细分为六个小类别。每组学生只专注于其中的一个小类别。

在完成 60 个问题的回答后,学生们被突然要求进行一次记忆测试。在这次测试中,一半的学生可以根据之前看过的问题作为提示,写出他们记忆过的单词。而另一半学生则没有任何提示,只能依靠自己的记忆自由回想。测试结果显示,无论使用的是哪一类问题,有提示的学生回想起的单词数量都高于没有提示的学生。

因此,提示信息的丰富程度直接影响我们的记忆检索能力。当提供的提示信息越多时,我们越容易回想起相关的记忆。相反,如果缺乏提示信息,我们可能会发现回忆变得困难,甚至可能完全无法想起。这也是为什么判断题和选择题相较于填空题而言,往往更容易作答,因为判断题和选择题本身包含了更多的线索和提示。因此,检验我们是否真正记住某个知识或信息,关键在于我们是否能在没有或仅有很少提示的情况下成功回想起来。

3.3.2 记忆不是孤立的

有一天,数学老师在课堂上讲等边三角形的知识。他解释说:"等边三角形的特点是它的三条边长度都相等,同时它的三个角也相等,每个角都是 60°。因此,等边三角形也被称为正三角形。"在听老师讲解的过程中,我不由得联想到了正方形。正方形是一个四边形,它的四条边长度完全相同,并且四个角也都是相等的,每个角都是 90°。我记得在七巧板游戏中，有一块拼图就是正方形的。每次玩七巧板时，我总是习惯性地先摆放那块正方形的拼图，然后再依次摆放其他的图形。

记忆并非孤立存在的，当一个新信息被存储在我们的大脑中时，它并非只是简单地被保存为字面符号。相反，我们的大脑会使用已有的记忆和知识框架来对新信息进行解释和整合。以等边三角形为例，我们并非仅仅在大脑中存储了"等边三角形"这五个字，而是利用我们的数学知识和空间想象能力，将这个知识点与我们已有的记忆相结合，形成对它的全面理解和解释。

我们的大脑可能会这样进行解释：所谓等边，意味着每条边的长度都相等，正方形和菱形就是等边图形的典型代表。而三角形则是由三条边首尾相连形成的图形，其中任意两边之和大于第三边。当两边相等且底角也相等时，便构成了等腰三角形。如果三条边都相等，那么三个角也必然相等。由于三角形的内角和为180°，因此等边三角形的每个角都是60°。

在日常生活中，这种解释过程被我们称为理解。我们解释得越深入，对知识的理解就越透彻。在记忆层面，这种解释相当于一种线索，帮助我们将不同的信息相互连接。建立的线索越多，记忆检索就越容易。在大脑中，这种解释对应着神经元团组之间的复杂连接。大脑建立的连接越多，神经元团组就越容易被激活。

当大脑接收到某个信息时，它会开始搜索与之相关的记忆，并激活相应的神经元团组。同时，这种激活还会进一步扩展到与之相连的其他神经元团组，形成一个激活的神经网络。

这种激活扩展的过程，就如同在平静的水面上投入一颗石子，瞬间激起一朵浪花。这朵浪花不仅向四周扩散，还在水面上形成了一圈又一圈的涟漪。然而，涟漪并不会无限扩大，它们会逐渐减弱，直至最终消失。大脑中的激活扩展亦是如此。

当新的神经元团组被激活时，如果没有得到我们的持续关注，这种扩展就像能量耗尽的涟漪，会迅速停止。然而，如果激活的信息引发了我们的兴趣，大脑便会如同补充能量的源泉，继续激发与之相连的其他神经元，深入探索，直到找不到更多可用的相关信息。

一旦激活扩展停止，并且我们没有获得期望的信息，那么可以认为这次的信息检索尝试失败了。此时，我们不得不转向其他信息，再次启动这一激活和扩展的过程，以期找到我们所需的内容。

3.3.3 想起来的关键：检索强度

在初中时期，所有年级的学生都共用一栋教学楼。初一的教室位于一楼，初二的教室在二楼，初三的教室在三楼。每年，学生们都要搬着桌椅更换教室，学生们对此都颇有怨言。然而，学校却以一种鼓励的口吻说："学业有成，节节向上。"换教室后，我们总会互相打趣，猜测谁会不小心走错教室而闹出笑话。

毕竟，在原来的教室里度过了一年的时光，仅仅是通往教室的那段路，我们可能已经走了几千次。按常理，这段记忆应该足够深刻。因此，我们总担心稍不留神就会走错教室。但结果却出乎意料，并没有太多人真的走错教室。更令人惊讶的是，不到一周的时间，很多人甚至忘记了原来教室的具体位置和讲台的方向。这背后到底隐藏着怎样的奥秘呢？

1. 背后的奥秘

这就是记忆存储强度与检索强度之间的差异。存储强度衡量的是记忆内部连接的紧密程度，而检索强度则关乎记忆与外部线索之间的关联紧密程度。当我们换了教室，迅速采用新的记忆并忘记旧的记忆，这主要是检索强度变化的结果。

在原来的教室，我们每天进进出出，一年之中反复进出几千次。这些频繁的进出活动不断巩固了进入教室的记忆。即使经过一个寒假，当我们再次走到教学楼门口时，这段记忆仍然会迅速被唤醒。我们会自然地直走，上楼梯，到第二层，左转，走到第四个教室，然后进去。

然而，当我们升学并更换教室后，我们开始建立关于新教室的记忆。同样地，我们进入教学楼，直走，上楼梯，但这次是到第三层，左转，走到第五个教室，然后进去。每次站在教学楼门口时，我们都会下意识地检索记忆，找到进入新教室的正确路径。随着对新教室的熟悉，这段新记忆逐渐变得自然和流畅，而关于旧教室的记忆则逐渐淡出，不再被频繁使用。

2. 新旧记忆的对比

从存储强度的角度来看，老记忆往往包含着丰富的细节。即使我们不刻意去数门牌号，凭借感觉也能准确地找到教室。相比之下，新记忆可能显得较为"粗糙"，我们需要时刻留意自己走到了第几层，经过了几个教室门口，稍有不慎，就可能走过头。

再从检索强度的角度来看，换教室之前，老记忆是我们的唯一选择。每次进入教室，都会自然而然地调用这段记忆，因此其检索强度非常强。然而，换教室之后，我们面临两段记忆的选择。随着我们不断地选择使用新记忆，新记忆的检索强度逐渐增强，而老记忆的检索强度则逐渐减弱。

3. 废弃理论

美国心理学家提出的废弃理论为我们解释这一现象提供了有力的依据。该理论认为，记忆存在两种强度：存储强度和检索强度。存储强度衡量了学习的深度，而检索强度则决定了记忆的易获取性。给定一个线索后，我们能否成功检索到记忆，完全取决于检索强度，而与存储强度无关。

尽管我们可以通过不断学习来增强存储强度，但检索强度却不一定同步提升。只有当记忆被成功检索时，检索强度才会得到增强。此外，随着检索次数的增加，存储强度的提升速度会逐渐放缓。

值得注意的是，虽然我们的存储容量是无限的，但检索容量却是有限的。当一个线索关联到多个记忆时，一个记忆的检索强度增加，必然会导致其他记忆的检索强度降低。当某个记忆的检索强度降低到一定程度时，就会发生遗忘。

以我家附近的游乐场为例，原本的老游乐场我们每月都会去，因此对其中的每个娱乐项目都了如指掌（存储强度高），且每次去都非常顺利（检索强度高）。然而，唯一的缺点是道路崎岖且经常堵车，每次去都需要花费大量时间。后来，附近又开了一家新的游乐场，虽然项目不如老游乐场丰富，但交通便利，每次只需十分钟就能到达。因此，我们很快就开始频繁光顾新游乐场（检索强度高），并逐渐熟悉了其中的项目（存储强度提高）。相应地，对老游乐场的记忆就逐渐淡忘了（检索强度降低），尽管我们仍然记得那里的每个娱乐项目。

4. 利用废弃理论

废弃理论揭示了记忆的客观规律，尽管我们无法完全规避其影响，但我们可以巧妙地利用它来提升我们的记忆效率。

（1）在追求记忆的存储强度时，我们同样需要关注检索强度的提升。仅仅增强存储强度而忽视检索强度，记忆仍然难以被有效地唤醒。因此，建立记忆之间的联系至关重要。例如，等边三角形与正方形有着紧密的关联，它们都是边长相等的图形；等边三角形与等腰三角形也息息相关，等边三角形是等腰三角形的特殊形态；此外，等边三角形与直角三角形也有共同之处，它们都包含一个 60° 的角。通过这样的关联，我们可以更加轻松地回忆起相关的知识点。

（2）值得注意的是，同一线索可能关联着多个记忆，这些记忆之间在检索强度上存在着竞争关系。当我们强化某个记忆的检索强度时，其他与之相关的记忆可能会因为竞争而减弱。为了缓解这一现象，我们可以采取以下两个策略。

首先，定期进行记忆检索，以确保记忆的检索强度不会过低，从而避免遗忘的发生。通过定期的回顾和复习，我们可以巩固记忆，使其保持活跃状态。

其次，仔细区分每个记忆，为它们建立更多的线索和关联。这样可以避免将所有信息都集中在同一个线索上，从而降低遗忘的风险。通过多样化的线索和关联，我们可以更加灵活地提取和应用记忆。

综上所述，虽然废弃理论揭示了记忆的局限性，但我们可以通过合理的策略和方法来优化记忆过程，提高记忆效率。只要我们不断尝试和实践，就能找到适合自己的记忆方法，让记忆成为我们学习和发展的有力助手。

3.3.4 如何应对想不起来

在日常学习中，我们经常会遇到写不出字或词、背不出某篇文言文的情况。面对这些情况，我们怎么办？以下是几种常见的应对策略。

（1）置之不理，这无疑是一种消极的应对方式，如同鸵鸟将头埋入沙中，我们试图逃避问题，期待其自行消失。然而，问题并不会因此而解决，它会在未来的考试中突然暴发，让我们后悔不已。

（2）立即复习，这是许多人常选的方法。虽然看似简单直接，但往往只能暂时解决问题。几天后，当再次遇到相同内容时，我们仍可能感到困惑。这是因为简单的复习只是加强了存储强度，而并未真正提升检索强度。

（3）付出额外努力，花几分钟时间进行回想。这种策略更为有效。

当我们无法回忆起某段内容时，意味着其检索强度较低。通过努力回想，我们不仅能够提升检索强度，还能附带增强存储强度。这样，在未来很长一段时间内，我们都能够轻松回忆起相关记忆。

当然，回想也是需要一定技巧的。盲目回想不仅浪费时间，还可能让我们对自己的记忆力失去信心。因此，在回想时，我们应遵循以下几个步骤。

1. 停止其他工作

当大脑陷入回忆的困境时，大脑的额叶会竭尽全力为我们搜寻所需的记忆。然而，额叶同时还需要处理我们手头的其他任务。为了让它能够全神贯注于回忆，我们应该减轻其负担，暂时放下其他工作，不必纠结于未完成的作业或计划，只需专心致志地回想，这样我们实际上是在协助额叶，也是在帮助自己。

2. 不要堵塞信息通道

当我们感到即将触及记忆的边缘时，可以通过闭上眼睛或捂住耳朵来减少外部信息的干扰。在回忆字的写法时，大脑会依赖枕叶这一视觉处理中心；而在回忆单词的发音时，颞叶这一听觉处理中心也会发挥作用。因此，闭上眼睛可以减少向枕叶传递的信息，捂住耳朵则可以减少向颞叶传递的信息。许多人在回忆时会选择让周围人保持安静，或找一个静谧的地方独处，甚至轻抚额头、闭目养神。这些举措都是为了确保枕叶和颞叶能够顺畅地进行记忆提取工作。

3. 抓住新的线索

很多时候，我们距离目标仅一步之遥，却因错过线索而功亏一篑。这与大脑工作记忆的容量限制有关。在回忆过程中，我们会搜集大量相关信息并存放在工作记忆中。然而，随着信息的不断增加，工作记忆很快会达到饱和状态，导致一些未经确认的信息被覆盖。这些被忽略的信息或许正是我们回忆的突破口。因此，在回忆时，我们可以借助纸笔记录已有线索，并从中延伸出更多有价值的信息。通过这些新线索，我们可以逐步接近并最终找到所需要的记忆。

4. 让大脑兴奋起来

长时间久坐会使身体误以为已进入休息状态，导致心跳放缓、呼吸减慢、血流减缓。然而，现代社会的学习需求却要求我们在静坐时保持大脑的活跃和能量供应。为了打破这一矛盾，我们可以采取一些策略来"欺骗"身体的自动机制。例如，当坐着回忆信息感到困难时，可以站起来走动一下。简单的身体活动就能让身体重新进入活跃状态，心跳加速、呼吸加快、血流变快，大脑也会随之重新兴奋起来。当然，这个方法更适合个人学习的场合。在教室或考场中，嚼口香糖也是一个不错的选择，嚼口香糖不仅能为大脑提供更多的能量供应，还有助于缓解压力，使大脑能够保持更长时间的专注和更好的认知能力。

第 4 章
强化记忆的输入效率

如果把记忆比喻为叠纸飞机,那么编码阶段就如同精心地折叠这架飞机,确保其结构完整,具备飞翔的潜力。相比之下,存储和检索过程更像是对已经叠好的飞机进行微调,比如微调机翼的角度或是为其涂上颜色。因此,编码阶段至关重要,它决定了我们的纸飞机的基本形态、稳定性和飞行潜力。只要我们在编码阶段做得足够好,那么后续的巩固和检索工作就会相对容易得多,因为我们已经拥有了一个设计精良、能够顺利起飞的纸飞机。

4.1 简单直接地重复:排演

排演就是多次重复信息。例如,为了记住"赢"字,我们会连续抄写 5 至 10 遍;为了记住古诗《题临安邸》,我们会一遍遍地朗读;为了记住单词 professional,我们会一遍遍地拼读。

4.1.1 排演方法的局限性

排演方式是心理学家进行研究的一种常用手段。举例来说,为了深入探讨记忆的规律,艾宾浩斯采用了反复诵读的方法来记忆实验材料,并详细记录了诵读的次数和时间。具体而言,为了记住9组实验材料每组包含12个音节,艾宾浩斯平均进行了158次的诵读。而当面对6组、每组包含16个音节的实验材料时,他则诵读了186次。

事实上,重复确实有助于加强记忆。美国心理学家阿诺德·梅凯尼克(Arnold Mechanic)曾设计了一个精妙的实验来验证这一点。他召集了一群大学生,让他们参与一个单词记忆的实验。为了确保实验的准确性,梅凯尼克特意选择了那些在日常生活中较少使用的单词作为实验材料。这些大学生被平均分为两组,一组采用反复诵读的方式进行记忆,而另一组则只诵读一次。接着,每个大组又被细分为两个小组,分别被告知不同的研究目的,以区分偶然学习和有意学习对记忆的影响。实验结束后,梅凯尼克对所有参与者进行了测试,检查他们记住的单词数量,并获得了如下图所示的数据。这一实验为重复记忆的重要性提供了有力的支持。

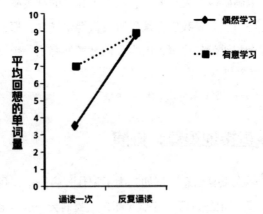

从统计数据中不难发现,无论是偶然学习还是有意学习,反复诵读都能显著提高回忆起的单词量。值得注意的是,在这次实验中,使用了生活中不常用的单词发音,因此参与实验的志愿者的大脑中并未形成相关的神经元连接。在这种情况下,反复诵读能够有效地加强语音方面的神经元连接,从而提高记忆效果。

然而，如果实验采用的是人们熟知的单词，效果就会大打折扣。美国心理学家亚瑟·格伦伯格（Arthur Glenberg）曾进行过一个关于单词记忆的实验，结果显示，即使将单词的重复次数增加 9 倍，回想比例也仅提高了 1.5%。这是因为参与实验的志愿者已经掌握了这些单词，单纯的反复诵读只能强化单词的发音，而无法在神经元之间形成有效的连接。因此，在测试时，尽管志愿者知道这些单词存在，却难以准确回忆起来。

这一现象与我们背诵古诗、课文的经历颇为相似。当我们对文中的每个字和单词都已经熟知时，单纯的背诵往往难以进一步提升记忆效果。那么，如何在减少诵读次数的同时提高记忆效率呢？关键在于增加加工的深度，从意义上下功夫。

因此，对于全新未知的内容，排演确实是一种非常有效的方法。但对于部分已知的内容，单纯依赖排演方式则显得低效。此时，我们需要结合其他方法，如意义联想、情景构建等，以实现快速且高效的记忆。

4.1.2　误区：只要我们想记住，就一定能记住

我们常常花了很多时间背诵课文、单词或者公式，却总是记不住。有时候，我们会安慰自己，因为自己对这些内容不感兴趣，所以不想记住。若真遇到了重要的内容，我们肯定能记住。真是这样吗？

美国心理学家乔治·曼德勒（George Mandler）曾设计了一项颇具洞见的实验。他召集了四组学生，并为每位学生发放了一套印有单词的卡片。对于第一组学生而言，他们只需记住这些单词；第二组学生则被要求根据单词的某种特征进行分类；第三组学生不仅需进行单词分类，还被告知会有考试；而第四组学生的任务是依据单词的拼写进行排序。

实验结束后，对这四组学生进行了统一的测试。令人惊讶的是，前三组学生的记忆效果几乎相同，并且都显著优于第四组。这一结果似乎表明，单纯的记忆任务与结合了分类和考试要求的记忆任务在效果上并无显著差异。

进一步的研究也证实了这一点。当加拿大的心理学家弗格斯·克雷克（Fergus I. M. Craik）采用金钱奖励作为激励手段，对三组学生进行单词记忆实验时，他发现无论奖励的高低，学生的记忆成绩都没有明显变化。

由此可见，尽管我们可能有着强烈的记忆意愿，但这仅仅激发了我们的记忆冲动，并不会显著提高记忆效率。真正决定记忆效果的，还是我们采用的记忆方法。因此，在追求记忆提升的过程中，我们不仅需要强烈的意愿，更需要科学有效的方法。

4.2 分组记忆

4.2.1 简单分组记忆

记忆三位数或四位数时，通常只需读上两三遍就能牢记于心。然而，当面对五位数或六位数时，我们可能需要重复七八遍才能记住。至于十几位数的长串数字，我们则可能需要坐下来，专心致志地花上几分钟去记忆。这正是记忆内容的长度越长，需要花费的时间就越多。艾宾浩斯通过大量实验，深入探讨了背诵的音节长度与阅读次数之间的关系，并发现了相同的规律,如下图所示。

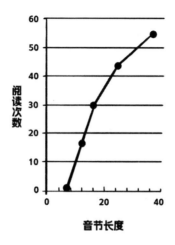

从图中可以清晰地看到,随着音节长度的增加,阅读次数也呈现明显的上升趋势。当音节长度为12时,阅读次数约为16.6次;而当音节长度翻倍至24时,阅读次数则急剧上升至44次;再进一步,当音节长度为36时,阅读次数更是攀升至55次。显然,阅读次数的增长速度远超过音节长度的增加速度。因此,面对较长的记忆内容时,我们可以尝试采用一种更加高效的方法:分组记忆。

分组记忆是一种将记忆内容划分为若干个部分,然后逐一进行记忆的方法。通过缩短每次记忆内容的长度,我们可以有效降低阅读次数,从而提高记忆效率。在日常生活中,这种记忆方式很常见。例如,当有人告诉我们他的手机号是13001014577时,我们很自然地会将其进行分组,如"130-010-14577"或"1300-1014-577"等。无论采用哪种分组方式,我们都在无意识中将这串11位数字划分为几个部分,并逐一进行记忆。很多时候,这些分组后的内容往往是我们已经熟悉或者容易记忆的,从而进一步简化了记忆过程。

以身份证号为例,它由18位数或17位数加一个罗马数字X构成。

如果直接记忆整个身份证号，可能会花费较长时间。但是，如果我们按照其结构进行分组记忆，就会变得非常简单。

（1）第1位和第2位数字表示所在省份的代码。

（2）第3位和第4位数字表示所在城市的代码。

（3）第5位和第6位数字表示所在区县的代码。

（4）第7位到第14位数字表示出生年、月、日。

（5）第15位到第17位数字是顺序码，男性为奇数，女性为偶数。

（6）第18位数字是校验码。

这样分组后，第7位到第14位的数字直接不用记忆。我们的记忆量从18个数字变为前6个数字和后4个数字。

在学习中，分组记忆是一个非常有效的策略，尤其是在背诵长篇课文时。这种方法通过将大量信息分割成更小的、更易于管理的部分，可以显著提高记忆的效率。

面对几百字的语文课文全篇背诵任务时，首先，我们可以按照段落进行分组。将课文分成若干个段落，逐一进行背诵。每背完一个段落，就进行一次复习，确保记忆牢固。这种方法有助于我们逐步建立对整个课文的整体认知，同时也能够减轻一次性背诵全文的压力。

如果某个段落的内容特别长,我们可以再进一步细化分组,按照句子进行划分。将长段落拆分成若干个句子,然后逐一背诵这些句子。对于特别难记忆的句子,我们还可以进一步拆分为词组或关键词,再以此为基础进行背诵。这种方法能够让我们更加专注细节,确保每个句子都能够得到充分的练习和记忆。

在背诵过程中,我们还可以采用一些辅助手段来提高记忆效果。例如,可以尝试使用联想记忆法,将课文内容与已有的知识或经验联系起来,形成有趣的画面或故事,从而加深记忆。此外,我们还可以利用复述、默写等方法来检验自己的记忆效果,及时发现问题并进行纠正。

总之,分组记忆是一种非常实用的学习方法,它能够帮助我们更加高效地完成背诵任务。在实际应用中,我们可以根据具体情况灵活调整分组策略,并结合其他记忆技巧来提高记忆效果。

4.2.2 分组压缩记忆:删繁就简让记忆更简单

小学的时候,老师介绍了太阳系中的行星[1]。老师郑重其事地说:"太阳系中的九大行星分别是水星、金星、地球、火星、木星、土星、天王星、海王星、冥王星。你们一定要记住这个顺序,因为期中考试会考查。"听到这里,我们立刻打起了精神,开始努力背诵。

对我们来说,九大行星的顺序并不容易记住,因为它们之间似乎没有明显的规律。临近下课,我们仍然感到有些吃力,担心考试时的表现。于是,我们向老师求助,希望他能给我们一些记忆的技巧。

老师在黑板上迅速写下了一行字:"水金火木土,地球排第三,天海冥王星。"然后他微笑着离开了教室。我们盯着这十五个字看了许久,终于领悟了其中的奥秘。

老师巧妙地将九大行星分为了三组。第一组是水星、金星、火星、木星、

---

[1] 现在太阳系已被确认为八大行星,冥王星已被重新分类为矮行星。

土星,这五个行星的首字连起来就是"水金火木土"。第二组是地球,老师特意强调了它排在第三位。第三组则是天王星、海王星、冥王星,它们的首字连起来就是"天海冥王星"。

通过这种分组和提炼的方法,我们很快就记住了九大行星的顺序。这种记忆技巧不仅简单易懂,而且非常实用。在之后的考试中,我们都能够准确地回答出关于太阳系中行星顺序的问题。感谢老师的巧妙教学,让我们在轻松愉快的氛围中掌握了知识。

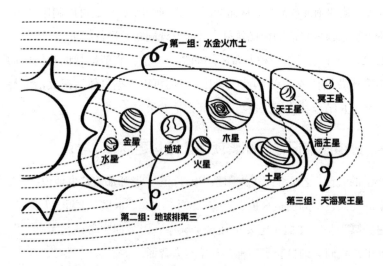

"分组压缩记忆"方法,不仅利用了分组记忆的优势,还通过押韵增强了记忆效果。在生活中,这种记忆方式随处可见。例如,彩虹的七种颜色被简化为"红橙黄绿蓝靛紫",既简洁又易于记忆。这种记忆方式不仅减少了记忆负担,还通过押韵的方式增强了记忆点的关联性。

要想使用好分组压缩记忆法,我们需要按照以下三步来进行。

(1)将内容进行分组。根据内容的特性,如相同字、顺序或逻辑关系,将内容分成若干组。这有助于我们更好地组织信息,为后续的压缩打下基础。

(2)压缩掉相同的部分或不重要的部分。通过去除重复或次要的信息,我们可以将核心内容提炼出来,使记忆更加精准和高效。这不仅减少了记忆量,还提高了记忆的准确性。

(3)调整顺序以押韵。对于没有特定顺序的内容,我们可以尝试调整其顺序,使其更加押韵。押韵不仅有助于记忆,还能使内容更加生动有趣,提高记忆的兴趣和动力。

此外,我们还可以利用已有的总结性句子来辅助记忆。很多知识点都有别人总结好的口诀或歌谣,可以直接拿来使用,或者根据自己的需要进行改编。这样不仅可以节省总结的时间,还能确保记忆的准确性和高效性。

4.3 结构记忆:图形增强记忆

完成作业后,我们通常会将笔、橡皮、尺子等文具细心地放入笔袋或文具盒中。接着,我们会将各科的课本、练习册、试卷按照科目分类,整齐地放入对应的科目袋中,以便于日后快速查找。最后,我们将整理好的笔袋或文具盒以及几个科目袋一并放入书包,为次日的学习做好准备。

这种整理工作不仅使我们在找东西时更为方便,同时也让书包内部井然有序。在记忆方面,我们的大脑也倾向于采用类似的整理和组织方式。当我们需要记忆一些内容时,大脑会自动将信息按照各种结构进行组织,如时间顺序、逻辑关系、分类归纳等,以便于我们更好地理解和记忆。这种记忆方式不仅提高了记忆效率,还使得我们在回忆时能够迅速找到所需的信息。

4.3.1 层次图记忆

下面,我们先进行一个有趣的记忆测试。首先,我们准备几张白纸和一支笔；然后，设置一个两分钟的闹钟；接下来，我们将尝试记忆两组不同的单词列表，每组包含 12 个词。

第一组：

卷心菜、桌子、河流、衬衫、枪、广场、铁、牙医、麻雀、山、手、花岗岩

当闹钟响起时，请在白纸上写下自己记住的单词。然后，数一下自己记住了多少个单词。

第二组：

粉色、绿色、蓝色、紫色、苹果、樱桃、柠檬、李子、斑马、狮子、牛、兔子

同样地，设置两分钟的闹钟，并尝试记忆这组单词。闹钟响起后，再次在白纸上写出自己记住的单词，并计算数量。

通过对比两次的小测试，我们会发现第二组词语比第一组词语更容易记住。这是因为第二组词语可以采用结构记忆的方法，即将信息按照类别或逻辑关系进行分组。在这个例子中，第二组词语可以自然地分为颜色（粉色、绿色、蓝色、紫色）、水果（苹果、樱桃、柠檬、李子）和动物（斑马、狮子、牛、兔子）三大类。

结构记忆技巧在记忆过程中非常有效，因为它帮助我们的大脑将信息组织成一个层次结构，从而提高了记忆效率。通过分类和逻辑关联，我们能够更轻松地记住大量信息，并在需要时快速回忆起来。

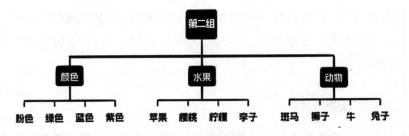

结构记忆法是一种显著提高记忆效率的方法，它依赖层次结构和分

类组织信息的方式。根据美国心理学家戈登·鲍尔（Gordon H.Bower）的研究，当单词被按照分类组织展示时，志愿者的回忆能力能提升 2～3 倍。这一发现强调了结构化、分类化记忆的重要性。

此外，鲍尔还发现同类词语之间的关联性也可以促进记忆。这意味着，将信息组织成相关的类别或组块，可以更有效地利用大脑的记忆资源。

加拿大心理学家安道尔·托尔文（Endel Tulving）的实验进一步支持了这一点。在他的实验中，志愿者需要记住由 12、24、48 个单词构成的三个列表，其中每个列表的单词被分为 1、2、4 个不同的类别。结果显示，当同类列表的单词数量增多时，志愿者记住的单词数量也随之增加。这表明，将单词归类到同一类别中，可以达到记忆的最佳效果。

为了测试结构记忆法的有效性，我们可以尝试一个简单的实验。例如，在两分钟内记忆一组与"针"相关的词语，如"线、别针、眼、缝、尖、点、扎、顶针、草堆、刺、疼、注射"。尽管这些词语在词性上不同，但它们都与"针"有关，因此可以被组织成一个大的类别。通过这种方式，我们可能会发现记住的单词数量超过了随机排列的词语。

在实际学习中，要充分利用结构记忆法，我们需要注意学习的顺序和方式。根据戈登·鲍尔的实验数据，当记忆内容按照层次和逻辑关系排列时，志愿者的正确率可以高达 65%，而随机排列的单词，志愿者的正确率仅为 19%。因此，在记忆过程中，我们应该将信息按照类别进行重排，并尽量为它们添加类型标签，以提高记忆效果。

综上所述，结构记忆法通过利用层次结构和分类组织信息的方式，可以显著提高记忆效率。在学习和记忆过程中，我们应该积极运用这种方法，以便更好地掌握和应用所学知识。

4.3.2 流结构记忆：根据流程加强记忆

班里的小王又一次在讲台上遭遇了挫折。上一次他被叫上讲台进行分数计算时，因为没有先通分就直接得出了结果，结果自然是错误的。

这次，他记住了要先通分，但在最后一步时却忘记了将结果进行约分，再次导致了错误。

正当我为小王的情况感到惋惜时，同桌悄悄碰了我一下，低声说："我赌下次小王还是会错，你信不信？"我半信半疑。三天后，小王又一次在讲台上"栽了跟头"。我不禁对同桌的预测能力感到惊讶，投去崇拜的目光。

同桌被我看得有些不好意思，他笑着揭开了谜底。他解释说："分数加减法其实是一个有固定流程的操作，包括通分、分子加减法、约分和检查假分数四个步骤。这四个步骤必须按顺序进行，不能遗漏，也不能乱序，否则就会出错。"

小王的问题在于，他只是机械地记住了每个步骤的内容，却没有真正理解和记住整个操作的流程。他每次计算时都是按照自己的记忆碎片去拼凑，而不是按照正确的流程去操作，因此才会反复出错。

为了帮助小王解决这个问题，同桌建议小王画一个流程图来梳理整个分数加减法的步骤。通过视觉化的方式，小王可以更直观地理解整个操作流程，从而避免遗漏或乱序的问题。我相信，只要小王按照这个方法去练习和记忆，他一定能够掌握分数的加减法。

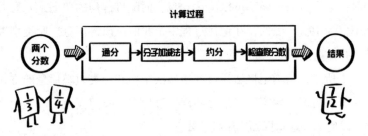

根据这个流程图，我们可以将分数加减法的四个步骤视为一个完整的流水线。从左边输入两个分数，它们会依次经过通分、分子加减法、约分和检查假分数这四个步骤，最后从右边输出计算结果。这个流程图不仅能帮助我们记住这四个步骤，还能清晰地显示每个步骤的先后顺序，从而避免了纯文字记忆时可能出现的遗漏和顺序颠倒的问题。

后来，我深入研究了这种记忆辅助方法，发现其效果显著。因此，我将这种通过绘制流程图来记忆具有明确先后顺序信息的方法称为"流结构记忆法"。

当需要记忆的内容之间存在明确的先后顺序时，我们就可以运用这种方法，绘制出一个直观的流程图。例如，从动词"add"（添加）出发，依次加上词根"tion"，得到名词"addition"（加法）；再加上词根"al"，得到形容词"additional"（附加的）；最后加上词根"ity"，得到名词"additionality"（额外性）。按照这样的顺序，我们可以轻松地绘制出一个流结构图，帮助记忆和理解。

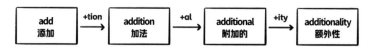

有了这个流程图，我们能够轻松地记住从"add"到"additionality"的演化过程，包括词根、词性和意思的逐步变化。特别是当面对内容结构较为复杂的记忆任务时，流结构记忆法更是显得尤为实用。以物理学科为例，每个物体都具备固态、液态和气态这三种状态，且它们之间能够相互转化，涉及多个专门的术语。在这三种状态变化过程中，总共有九个术语需要记忆，许多同学往往会遗漏或混淆这些术语。如果采用流结构记忆法，通过绘制一个清晰的流程图来展示这三种状态之间的转化关系和相关术语，同学们就能够轻松掌握，避免出现混淆和遗漏的问题。

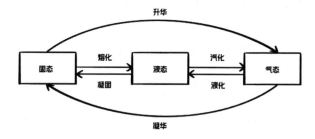

流结构记忆法是一种将大量的文字性叙述转换为空间结构的有效方

法。它通过将信息组织成直观、具象化的图形结构,帮助我们减少抽象性文字的记忆负担,从而提高记忆效率和准确性。

通过流结构记忆法,我们不再需要记忆"之前""之后""从什么到什么"这样的描述性内容,而是只需要记忆一个图形或流程图的结构即可。这个图形或流程图清晰地展示了信息之间的逻辑关系和先后顺序,使得记忆过程变得更加直观和简单。

这种记忆方式特别适用于那些具有明确先后顺序或逻辑关系的信息,比如步骤流程、概念演化等。通过绘制流结构图,我们可以将复杂的信息转化为一个简洁、易懂的图形,从而轻松掌握和记忆。

4.3.3 思维导图记忆

思维导图是比层次图更为丰富和直观的图形表示工具。层次图主要依赖文字和箭头来呈现信息的层次结构,而思维导图则允许我们采用更多元化的方式来呈现信息,包括颜色、图案、符号以及素描等。

思维导图可以视为大脑中存储信息的可视化表示。它帮助我们将某一主题的信息在纸上以直观的形式展现出来。在绘制过程中,我们会努力检索与主题相关的所有要点及其相关信息,并以直观的形式替代大脑中的文字描述。从外观上看,思维导图类似一棵大树,中心是核心主题,周围延伸出许多分支,每个分支又可以进一步细分出更小的分支。

以下是绘制思维导图的具体步骤。

(1)确定核心话题,将其写在纸张的中心位置,并在周围画一个圈作为整棵树的根。

(2)围绕核心话题,思考并列出与之相关的主要子话题。对于每个子话题,从中心拉出一条线,线的另一端写上子话题的名称。为了区分不同的子话题,可以使用不同的颜色。

(3)继续针对每个子话题,思考并列出其下一级的子话题。重复步骤(2)的操作,但线的颜色应与上一级主题的颜色一致,以保持层次结构的清晰。

我们将得到一个由中心向外发散的图形。在实际绘制的时候，可以使用更直观的形式替代主题原有的文字。例如，我们要绘制一个三角形定理相关的思维导图。

（1）将"三角形"作为核心话题，在纸张的中心位置画一个小三角形，作为整棵树的根。

（2）思考三角形的相关子话题，如"边""角""面积"等。对于每个子话题，从中心拉出一条线，并在线的另一端使用图形或符号来表示，例如，用斜线（/）表示"边"，用交叉的两条线（∠）表示"角"，用阴影三角形表示"面积"。

（3）针对每个子话题，继续列出其更具体的子话题。例如，在"边"的子话题下，可以列出"等腰三角形""等边三角形"等；在"角"的子话题下，可以列出"直角""锐角"等。同样地，使用图形、符号或颜色来区分不同的子话题。

（4）将相关的子话题连接起来，以展示它们之间的关系。例如，将"等边三角形"与"60°角"连接起来，表示等边三角形的每个角都是60°；将"直角三角形"与"面积公式"连接起来，表示直角三角形面积的计算方法。

（5）继续拓展和完善思维导图，直到涵盖我们想要表达的所有信息。

最终，我们将得到一幅包含众多知识点的思维导图。这幅图通过层次关系清晰地组织了三角形的各个概念、定理和公式，并通过图形、颜色、符号等多种方式替代了抽象的文字描述。这样，我们将更容易记住和理解对应的内容。

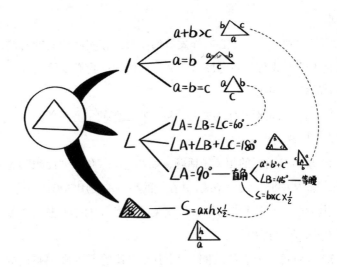

4.4 自问自答强化记忆：自我解释

在很多情况下，我们在学习某个新领域或新知识点时，往往没有现成的结构体系可以直接利用，特别是当我们掌握的相关内容较少时。以学习勾股定理为例，初始阶段能够归类的相关知识可能相当有限。在这种情况下，自我解释法便成了一个非常有效的学习策略。

使用自我解释法时，关键在于不断地向自己提出问题并尝试回答。这些问题可以帮助我们建立新知识与已有知识之间的联系，从而更好地理解和记忆新内容。以下是一些可能的问题示例。

这个概念（勾股定理）与我之前学过的哪个概念有关系？

勾股定理可以解决哪些实际问题？

在应用勾股定理解决问题时，我应该采取哪些步骤？

有没有特定的例子可以帮助我理解勾股定理的应用？

通过不断地自问自答，我们不仅可以将新学的勾股定理与大脑中已有的数学知识和概念建立联系，还可以在这个过程中深化对勾股定理的理解。这种连接不仅有助于我们记忆新的知识点，还可以强化原有的知识体系，使我们的学习更加系统化和连贯化。

总之，自我解释法是一种非常实用的学习策略，尤其适用于那些没有现成结构体系可以参考的学习情境。通过不断地向自己提问并尝试回答，我们可以建立起新知识与已有知识之间的联系，从而更加高效地学习和记忆新知识。

4.4.1 高效的提问方式：拉米提问法

自我解释的价值大小，很大程度上取决于我们提问的技巧和深度。在这方面，法国数学家伯纳德·拉米创立的拉米提问法为我们提供了一个有力的工具。拉米提问法基于知识的体系结构，从多个维度提出相应的问题，帮助我们更全面地理解和记忆新知识，如下图所示。

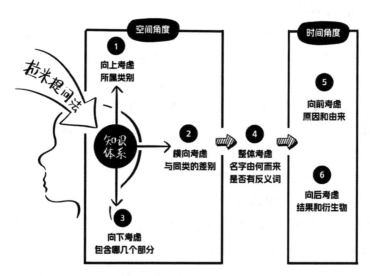

下面以勾股定理为例，演示如何运用拉米提问法进行提问。

1. 勾股定理所属的类别

在知识体系中，勾股定理属于哪个类别？它属于几何学中的三角形性质部分,特别是直角三角形。

2. 勾股定理与同类的差别

在数学知识体系中,当我们横向考虑勾股定理时,会发现它属于一类关于几何图形边长关系的定理。与其具有相似性但又有不同之处的定理包括"30°锐角对应的直角边是斜边长度的一半"的定理。这个定理同样关注直角三角形的边长关系,但特定的角度条件(30°角)是其独特之处,而勾股定理则不依赖任何特定的角度,它适用于所有直角三角形。这两者在探讨直角三角形边长关系上具有共同性,但各自关注的焦点和条件有所不同。

3. 勾股定理的组成

勾股定理包含哪些核心元素或条件?它由直角三角形的两个直角边和斜边的长度关系组成。

4. 勾股定理的定义

在知识体系中,当我们整体考虑一个知识点时,定义它至关重要。每个知识点都应当有一个清晰、明确的解释方式,这个解释方式不仅是对其组成部分的概括,也是对其核心特征的准确描述。以勾股定理为例,它是对直角三角形边长关系的一个精确描述,即在一个直角三角形中,直角边的平方和等于斜边的平方。这个定义既简洁又准确地概括了勾股定理的核心内容,使我们能够迅速把握其本质。通过这样的定义,我们可以更好地理解和记忆这一重要的数学知识点。

5. 勾股定理名字由何而来

在知识体系中,当我们聚焦某个知识点的名称时,常常会好奇其命名的由来。很多知识点的名字都蕴含了丰富的内涵,它们或是直接描述了知识点的核心特征,或是与知识点的历史背景密切相关。然而,也有一些名称与其本身的含义并不直接相关,这往往是由于翻译或历史演变造成的。

以勾股定理为例,其名称的由来深深扎根于古代中国的数学文化。

在古代，较短的直角边被称为"勾"，较长的直角边被称为"股"，而斜边则被称为"弦"。古人通过长期的观察和实践，发现了"勾三股四弦五"这一特定情况下直角三角形的边长关系，即当直角三角形的两条直角边长度分别为 3 和 4 时，斜边的长度恰好为 5，人们将这个定理简称为"勾股定理"。

6. 勾股定理是否有反义词

有没有特例存在，让勾股定理不生效呢？特例是帮助我们认识和理解一个知识点的重要方式。例如，如果一个直角三角形的两个直角边的平方和不等于斜边长的平方和，那么只能说明这个三角形不是直角三角形。

7. 勾股定理产生原因和由来

勾股定理是如何被发现或被提出的呢？它在中国和古希腊都有着悠久的历史，并与古代建筑和测量密切相关。

8. 结果和衍生物

勾股定理在后续数学发展中产生了哪些影响或衍生了哪些新知识点？例如，它推动了无理数概念的发现，是许多数学分支的基础。

使用拉米提问法时，我们可以从空间角度（层级结构）和时间角度（历史发展）进行思考。通过这种方法，我们可以在大脑中构建一个清晰的知识网络，强化记忆，并深入理解各类公式、定理和概念。只要熟练掌握并灵活运用拉米提问法，自我解释记忆法就能发挥其巨大的潜力。

4.4.2 误区：复习就是重读课本

每当考试临近，大家都投入了大量的时间和精力进行复习。对于中等生来说，他们常被建议要深入理解课本上的知识，反复翻阅课本和笔记。然而，许多同学虽然遵循了这一建议，反复翻阅课本和笔记，但在几遍之后，他们觉得课本内容已经烂熟于心，可一到考试时就发现题目依然难以解答。

其实,这种困惑的根源在于重读往往只是信息的表层处理。在重读的过程中,我们的大脑主要在进行一种记忆确认的工作:我读过这个知识点,我记得这个题目的解题步骤。这种熟悉感让我们产生一种错觉,似乎已经掌握了这部分内容。但实际上,对于大脑来说,这种表面的熟悉感与真正的掌握之间存在着巨大的差异。

所谓的眼熟,仅仅是大脑对输入信息的初步确认,即检查是否存在相关的记忆。例如,当我们看到"等边三角形的三边相等,三个角都是60°"这句话时,大脑会开始检查是否有相关的记忆与之对应。如果我们阅读得过于匆忙,大脑甚至可能只是简单地判断"等边三角形""边""相等""角""60°"这些词汇是否出现过,而不是深入理解其背后的含义和逻辑关系。

因此,真正的复习并不仅仅是重复阅读,而是需要深入思考和理解,确保每一个知识点和解题技巧都能真正转化为自己的能力和技能。

而真正的掌握，是当大脑接收到一个信息时，能够从这个信息出发，在记忆中检索并关联几个甚至几十个相关的知识点。以"等边三角形具有哪些特性"为例，当听到这个问题时，大脑不仅仅会识别"等边三角形"和"特性"这两个关键词，更会调动过往的知识储备，迅速检索并整合等边三角形的所有特性。因为线索明确且问题具体，大脑无法"偷懒"，只能全力以赴地进行记忆检索。一旦找到答案，大脑会强化这一过程中涉及的线索与结果之间的关联，确保在未来遇到类似问题时能够迅速做出反应。

因此，单纯的重读课本并不是一种高效的复习方法。真正有效的复习，应该是验证自己对每个知识点的理解和掌握程度。当我们遇到一个知识点时，应该尝试用自己的语言去解释它、复述它，并做一些相关的题目来验证我们的理解。这种方式不仅能够加深我们对知识点的记忆，还能够锻炼我们的思维能力和解题技巧。这本质上是一种自我解释的学习方法，它能够帮助我们更好地理解和掌握知识，提高复习效果。

4.4.3 讲出来强化记忆：费曼学习法

上学的时候，我的成绩优异且性格温和，因此当同学们遇到难题时，都乐于向我请教。有一次，物理老师在课堂上讲解了受力整体分析法，特别是关于电梯内有人跳起时的情况。我觉得老师讲解的内容相对简单易懂，但我的同学小李却对此感到困惑。

他提出了一个疑问："当一个人站在电梯里并突然跳起来时，为什么电梯的钢丝受力没有减少呢？"他对此感到不解，因为在他看来，人作为电梯的一部分，其动作应该会影响电梯的整体受力情况。

我试图按照老师所教的内容来解释，但小李仍然无法理解"何时可以将两者视为一个整体"这一概念。这个问题也让我陷入了沉思，我开始努力寻找一个更直观、更易于理解的解释方式。

突然，我脑海中闪过一丝灵感。我告诉小李，可以将电梯和里面的人想象成一个装满水的气球。当气球内部的水（代表电梯内的人）发生移动或变化时，气球外部的压力（代表电梯钢丝的受力）并不会立即改变，因为气球本身（代表电梯整体）具有一定的弹性和稳定性。只有当内部变化达到一定程度时，才会对外部产生显著影响。

通过这个比喻，小李终于理解了受力整体分析法的核心思想，即在某些情况下，可以将多个物体视为一个整体来分析其受力情况。这个经历也让我更深刻地认识到，有时候用生动的比喻来解释抽象的概念，更容易让人理解和接受。

在物理学的受力整体分析法中，钢丝绳拉着的是电梯整体，电梯里面的人自然是整体中的一部分。小李之前的困惑在于如何理解这个"整体"的概念，而我通过解释和比喻，使他明白了这一点。

小李听了这个解释后，恍然大悟。我也因此反思并填补了自己忽略的学习空白。费曼学习法，即通过向他人讲授的方式来引导自己深入思考，是一种极为有效的学习方法。这种方法不仅能帮助我们深化理解，还能强化知识编码，从而巩固记忆。同时，费曼学习法也巧妙地弥补了拉米提问法的某些不足。

拉米提问法为我们指明了思考的方向，但往往缺乏验证我们理解程度的手段。很多时候，我们可能自以为已经理解透彻，但实际上只是一种错觉。比如我以为自己已经掌握了受力整体分析法，但忽略了"什么构成一个整体"这一关键问题。如果不是小李提出这个问题，我可能永远也不会意识到自己的盲点。

在日常学习中，我们常常会无意识地回避一些问题，导致无法及时发现自己的不足之处。例如，当我们伸手去关水龙头或提书包时，总是习惯性地使用右手，直到右手受伤，我们才会意识到左手的力量和灵活度其实并不如我们想象的那样好。

费曼学习法为我们提供了一个"不用右手"的机会。为了解答小李的问题，我不能仅仅依赖自己固有的思维方式（"右手"），而必须站在小李的角度，用他能够理解的方式进行解答（"左手"）。在这个过程中，我的大脑需要按照小李的思维方式重新编码知识，而不仅仅是重复已有的知识编码。

因此，无论你是学霸、中等生还是学渣，都应该积极尝试费曼学习法。如果你是学霸，不要吝啬你的时间，因为解答他人的问题也是你复习和巩固知识的机会，尤其是当别人提出的问题是你未曾考虑过的。如果你是中等生，一定要抓住这些宝贵的机会，积极思考并提升自己。如果你是学渣，也请勇敢地参与讨论，即使你无法直接解答别人的问题，也能从中学到很多新知识。

4.5 图像增强记忆

视觉器官是人类感知外界信息最重要的感觉器官，而与之紧密相连的大脑也极其擅长处理图形信息。举例来说，当我们闭上眼睛，尝试回忆自己的座位时，脑海中便能清晰地浮现那个特定的画面——座位位于第几排、第几列。更为神奇的是，如果想象老师将座位向前调整两排，我们的大脑中的座位位置也会随之迅速变化。这种强大的图像处理能力，正是我们记忆系统中的一个重要助力。

4.5.1　图像记忆法：为文字营造画面感

我们需要记忆的很多内容都富有画面感。例如，数学老师提到等边三角形时，我们的大脑会立刻浮现一个三角形，它的三条边上都标有等长的短线，形象地表达了三边相等的特性。当英语老师讲解 drink 的过去分词需要将 i 替换为 u 时，我们脑海中则会出现 drink 到 drunk 的演变图像。

大脑不仅擅长构建这种简单的图像，还能描绘更为复杂的场景。以《秋思》为例，这首诗词充满了画面感，我们可以在脑海中构建一个生动的画面。

（1）我们需要从诗词中提取关键的视觉元素，如枯藤、老树、昏鸦、小桥、流水、人家等。在提取过程中，理解每个元素的具体含义至关重要。如昏鸦象征着黄昏时分归巢的乌鸦。理解了这些元素，我们才能构建出清晰的图像。

（2）将这些元素合理地安放在画面中。我们可以将枯藤、老树和昏鸦置于左侧，小桥、流水和人家置于右侧，中间则是古道、西风与瘦马。夕阳悬挂在路的尽头，而断肠人则安排在画面之外，营造一种深远的意境。

（3）为了加深记忆，我们还需要安排视线游走的顺序。通常，我们习惯从左到右、从下到上、由近及远地观察。因此，我们可以先关注左侧的枯藤和老树，再向上看到归巢的乌鸦；接着视线转向右侧，小桥下流水潺潺，绕过人家；再回到中间，古道西风萧瑟，瘦马孤寂前行；最后，目光穿过古道，落在即将落下的夕阳上，最后定格在画面之外的天涯断肠人身上。

通过这个画面，我们可以轻松记住《秋思》这首诗。如果图像需要呈现动态变化，我们还可以利用时间线来转换画面。例如，在描绘"一岁一枯荣"时，我们可以想象草地在四季更迭中由绿转黄，再由黄转绿，生动地展现出生命的轮回。

总之，对于与画面相关的记忆内容，我们都可以尝试将其转化为静态或动态的图像。这样，原本抽象的信息将变得丰富多彩，更易于记忆和理解。

4.5.2 数形记忆法：为数字营造画面感

数字记忆对于许多人来说是一大挑战，因为它们本身是抽象的。例如，数字符号"7"与七匹马、七本书或七个面包之间并没有直接的关联。为了更有效地记忆数字，我们需要采用一种方法，将数字转化为具象化的内容，并与要记忆的信息相联系。

数形记忆法是一种有效的方法，它基于数字的形状，将数字转化为近似的形状，并通过联想来加强记忆。我们可以观察周围的环境，寻找与数字形状相似的事物。在寻找时，尽量多准备一些选项，并确保它们之间能够严格区分，避免混淆。

例如，数字"1"可以看作任何杆状的物体，如笔、蜡烛或长矛；数字"2"可以看作一个带把手的圆的一部分，如鹅的轮廓或蛇伸出的头；数字"3"可以看作打开的手铐或耳朵的形状；数字"4"可以看作三角旗、风帆或帆船的侧影；数字"5"可以看作钩子或衣架；数字"6"可以看作豆芽或哨子；数字"7"可以看作镰刀或回旋镖；数字"8"可以看作雪人或葫芦；数字"9"可以看作气球或勺子；而数字"0"则容易让人联想到大饼或皮球。

当每个数字对应了2～3个图形后，我们就可以将需要记忆的数字进行转换。例如，在记忆第一次鸦片战争爆发的时间"1840年"时，我们可以进行如下记忆。

（1）我们将数字转化为特定的图形。在这个过程中，我们要考虑数字的相关背景。数字"1"可以对应长矛，象征着战争；数字"8"可以对应雪人，代表清政府的软弱；数字"4"可以对应船的风帆，因为当时英国使用的就是带有风帆的舰船；数字"0"可以对应地球，象征英国舰队跨越半个地球来攻击清政府。

（2）我们将这四个数字对应的图形串联起来，形成一个场景：一个拿着长矛的雪人面对着一艘挂着风帆的巨大舰船，而这艘舰船来自地球的另一端。

（3）我们在大脑中描绘出这个生动的场景。在想象中，我们可以加入一些额外的细节，如雪人手中的长矛显得无力，而风帆船则高大威猛。在巨大的帆船和地球的衬托下，雪人显得非常渺小和无助，这样的场景让人深刻地感受到当时清政府的无力与英国舰队的强大，从而加深对历史事件的记忆。

　　经过这样的处理,我们成功地将抽象的数字 1840 转化为一个意义深刻的画面。这样,我们就能轻松且深刻地记住这些数字了。现在,我们来总结一下使用数形记忆法的几个要点。

　　首先,我们需要为每个数字准备一些形状相似的物体。这些物体可以是日常生活中的物品,也可以是容易想象的图案,只要它们的形状与数字相似即可。

　　其次,我们要根据数字相关的背景信息,选择与之匹配的物体。这一步非常重要,因为它能够帮助我们建立起数字与记忆内容之间的紧密联系。

　　最后,将选定的物体描绘成一个有意义的图像,并加以记忆。这个图像应该包含所有的数字象征物,并且具有一定的故事性或逻辑性,以便我们能够更容易地回忆起这些数字。

　　通过遵循以上三个要点,我们能够更好地利用数形记忆法来记忆数字,使记忆过程变得更加高效和有趣。

第 5 章
学科记忆

学习每门功课，记忆都是其中的关键环节。特别是对于那些需要大量记忆的科目，如语文、英语、历史、地理等，如何高效记忆更是大家关注的焦点。下面，我将以英语和语文为例，分享一些在学习中实现高效记忆的方法。

5.1 英语记忆

英语该怎么学好？大部分人给出的答案就是"背"。英语需要各种背，背发音、背拼写、背范文。似乎只要背，就能学好英语。对于无法接触到英语环境的我们，背确实是一个很有效的方式。那么，我们需要怎么背呢？

5.1.1 轻松搞定音标

音标是英语的基础，也是阅读的根基。与汉语不同，我们是先学会了说汉语，然后才开始学习拼音的。在汉语学习中，我们只需将已知的发音与拼音进行对应，就能掌握汉语拼音。然而，在英语学习中，由于初学者大脑中缺乏与英语发音相关的信息，学习音标成了一大挑战。为了解决音标记忆的难题，我们可以从以下两个环节着手。

1. 使用排演法训练发音记忆

由于英语发音与汉语拼音存在显著差异，我们需要进行专门的强化训练，以形成发音对应的肌肉记忆。这种记忆让我们在看到音标时，能够自然而然地发出正确的声音。为了实现这一目标，我们需要不断地练习，并且特别注意区分与汉语相似但实际上不同的英语发音。例如，音标 [i:] 的发音虽类似汉语的"一"，但两者在发音方式和口腔形状上存在明显的区别。发 [i:] 音时，舌面需要离开上腭，使气流从口腔中自然流出，并不在舌面上产生摩擦。为了更好地掌握这一发音，我们可以尝试在面部保持微笑的状态下发出汉语的"一"，同时感受舌面和口腔的变化。

2. 将发音与英语单词关联

除了单纯的发音训练，将音标发音与具体的英语单词进行关联也是提高记忆效率的有效途径。这样做有助于我们在实际应用中加深对音标的理解和记忆。此外，心理学中的贝克悖论为我们提供了一个有趣的启示。在这个实验中，心理学家分别向两组志愿者展示了同一张照片，但给出了不同的信息：第一组志愿者被告知照片中的人叫贝克（Baker），而第二组志愿者则被告知这个人是一个烘焙师（baker）。

几天后，心理学家要求志愿者重新识别那张人脸照片。结果显示，第二组志愿者记住照片的人数远多于第一组志愿者，其中的关键在于理解。第一组志愿者仅仅是将一个名字"贝克"与照片进行了简单的联系，而第二组志愿者则把"烘焙师"这个职业与照片进行了深层的关联。他们在脑海中构建了生动的场景，比如烘焙师戴着高高的厨师帽，从巨大的烘烤炉中取出装满金黄面包和多彩蛋糕的托盘。

贝克（Baker）和烘焙师（baker）的关系，在英语学习中，可以类比为英语音标和汉语拼音。在学习汉语拼音时，每当我们接触到一个拼音时，都会自然地联想到与之对应的一系列汉字。例如，当我们首次接触韵母"a"时，我们已经知道它的发音，并知道许多汉字都使用这个音，尽管我们可能还不会书写这些字。这时，我们只需记住韵母"a"这个符号的书写形式，并将其与我们已知的发音进行对应。

然而，在英语音标的学习中，我们面临着更大的挑战。我们不仅需要对发音进行熟练掌握，还需要记忆音标的书写方式。同时因为缺乏足够的单词积累，我们可以尝试将音标与常见的单词进行关联。例如，可以将音标 [i:] 与单词"bee"（蜜蜂）和"tea"（茶）相联系。在发音时，我们不仅要准确地念出音标 [i:] 的音，还要念出与之关联的"bee"和"tea"的发音，以此加强记忆。这样的练习可以帮助我们更好地掌握英语音标，并为后续的英语学习打下坚实的基础。

5.1.2　快速搞定字母记忆的三个关卡

当我们刚开始学习英语时，可能会被 26 个字母的大小写形式搞得有些困惑。不过，通过一些有趣的记忆方法，我们可以更轻松地掌握它们。以下是一些关于如何轻松搞定字母记忆的建议。

1. 书写关

英语有 26 个字母，每个字母都有大写和小写两种形式。它们的外形和笔画各不相同，我们可以采用形状记忆法来简化记忆过程。

（1）形状联想。通过观察生活中的事物，找到与字母形状相似的东西。比如大写字母 A 像一个向上的箭头；B 像耳朵或蝴蝶的翅膀；C 像月牙或张开的嘴巴；D 像一扇半开的门或切一半的月饼；E 像一座倒过来的山或支架；F 则像一把冲锋枪或伞柄。

（2）笔画对应。我们可以将这些形状与我们要记忆的字母笔画进行对应。比如大写 A 的左右两条斜线就是箭头的两边，横线则是箭头的底部。通过这种方式，我们可以更直观地记住字母的书写方式。

（3）四线三格定位。在书写时，确定每个字母在四线三格中的位置也是非常重要的。比如箭头 A 应该在第一格和第二格之间，箭头尖顶住第一条线，中间横线在第二条线上，斜边压在第三条线上。这样的定位有助于我们更准确地书写字母。

通过上述方法，我们可以将字母学习与日常生活中的事物联系起来，使学习过程变得更加有趣和直观。这样不仅能提高我们的学习兴趣，还能加深我们对字母的记忆。

2. 发音关

对于刚开始学习英文字母的初学者来说，发音是一个重要的挑战。很多时候，我们会不自觉地受到汉语拼音的影响，导致发音不准确。我们可能会将字母 A 读成"啊"，将 B 读成"波"，将 C 读成"呲"，这与我们长期学习汉语拼音形成的条件反射有关。

为了克服这一难题，我们需要纠正这种条件反射，并建立起正确的英语发音习惯。一个简单而有效的方法是通过大量练习来形成新的条件反射。但这并不意味着我们要反复读写字母，因为这样的环境可能会唤醒我们与汉语拼音相关的记忆。

相反，我们可以借助《字母歌》来练习发音。《字母歌》不仅具有特定的韵律感和节奏感，使记忆变得更加简单，而且它创造了一个纯英文的环境，避免了与汉语拼音的混淆。这首歌短小精悍，易于记忆。

使用《字母歌》练习发音有以下三个好处。

（1）韵律感与节奏感：歌曲的节奏和韵律可以帮助我们更容易地记住字母的发音顺序，使学习过程更加有趣和高效。

（2）避免混淆：由于《字母歌》完全使用英文单词和字母，没有引入任何中文词语，因此它可以有效地避免我们在发音时受到汉语拼音的干扰。

（3）快速定位与复习：当我们忘记某个字母的发音时，可以在心中默唱一遍《字母歌》，快速定位到对应的字母，并确定其正确的发音。这种方法简单而实用，有助于我们巩固记忆并提高发音准确性。

3. 形似字母关

对于刚开始学习英语的同学来说，形似字母关是一个常见的挑战。在英语字母中，小写字母 b、d、p 和 q 的形状非常相似，都包含一条竖线和一个圆。更棘手的是，这些字母之间存在镜像关系：b 和 d 互为左右镜像，p 和 q 也互为左右镜像；同时，b 和 p 互为上下镜像，d 和 q 也互为上下镜像。

这种相似性对于空间感良好的同学来说既是优势也是挑战。因为他们习惯将互为镜像的物体视为同一物体，这可能导致在区分这四个字母时遇到困难。

为了克服这个难关，我们可以采取以下策略。

（1）强化认知与练习。我们需要通过大量的练习来强化对这四个字母的认知。通过反复书写和发音练习，我们可以逐渐熟悉它们各自的特点和区别。

（2）田字格记忆法。这是一个非常实用的记忆方法。首先，绘制一个田字格，然后将这四个字母分别填写到田字格的四个方格中。在填写时，确保每个字母的圆部分靠近田字格的中心点。这样，左上格填写 b，右上格填写 d，左下格填写 p，右下格填写 q。通过这种方式，我们可以更直观地看到这些字母之间的位置和关系。

（3）结合《字母歌》练习。在填写完田字格后，我们可以唱一遍《字母歌》，并按照从上到下、从左到右的顺序分别读出这四个字母的发音。这样可以帮助我们巩固记忆并加强发音练习。

只要每天重复几遍这个过程，我们很快就能克服形似字母关。

5.1.3 三步巧记短单词

学英语时，记单词往往是一大挑战。虽然我们经常投入大量时间和精力去背单词，但效果却不尽如人意。许多人认为单词越长越难记，但实际上，简单的单词，特别是由 5 个或更少字母构成的，往往更为棘手。我们将这类单词称为简单词。

简单词之所以难记，是因为它们缺乏明显的拆分部分，无法像更长的单词那样通过拆分来降低记忆难度。例如，单词"classroom"虽然由 9 个字母组成，但我们可以将其拆分为"class"和"room"两部分，这使得它相对容易记忆。然而，像"he"这样的简单词，由于无法进一步拆分，记忆起来就显得更为困难。

为了更有效地记忆单词，我们可以采用以下几种方法。

1. 发音记忆

视觉和听觉是我们获取信息的两大主要途径。在记忆简单单词时，由于它们缺乏明显的视觉拆分特征，我们可以转而利用听觉，即拼读的方式，来加深记忆。例如，在记忆单词"home"时，我们不仅要记住它的拼写，更要记住它的发音 [həʊm]。

在记忆过程中,将拼写和发音进行对比也是一个有效的策略。比如在"home"中字母 h 发音为 [h],字母 o 发音为 [əʊ],字母 m 发音为 [m],而字母 e 在这个单词中并不发音,但它却影响了 o 的发音。这种字母与发音的对应关系在英语中非常普遍,据统计,大约 89% 的单词都遵循类似的发音规则。因此,只要我们掌握了这些规则,记住单词的发音,往往就能准确地拼写出对应的单词。

对于特殊发音的单词,如"blood"中的 oo 发音为 [ʌ],而不是常见的 [u:] 或 [u],我们需要额外留意并记忆。

发音记忆不仅加深了我们对单词的加工深度,还减少了记忆量。因为很多时候,多个字母组合在一起只发一个音。比如单词"thing"虽然由 5 个字母组成,但其发音 [θɪŋ] 仅由三个音素构成,这使得记忆量从 5 减少到 3,大大减轻了我们的记忆负担。

此外,发音记忆还为我们提供了更多的复习机会。在英语学习中,听、说、读、写是不可或缺的四个环节。当我们掌握了单词的发音后,无论是在课堂上听老师读单词、读课文,还是在课下听英语广播、看英语视频,甚至是与同学练习对话时,一旦听到或说出这个单词,我们的大脑就会对其进行一次巩固。反之,如果我们不掌握发音,不仅会在这些场合感到尴尬,还会错失这些宝贵的复习机会。因此,通过发音来记忆单词,无疑是一种高效且实用的方法。

2. 联想记忆

在汉语学习中,我们往往能轻松记住各种物品的名称。例如,当我们第一次品尝甜甜筒时,妈妈会告诉我们这是"甜甜筒"。之后,每当看到它,我们便能迅速叫出它的名字,即便此时我们可能还不会写"甜甜筒"这三个字。这是因为我们的大脑拥有强大的记忆功能,能够自然地将视觉形象与语言符号相联结。

同样的原理,我们也可以运用在记忆英语单词上。例如,在记忆单词"apple"时,我们可以在脑海中构想一个苹果的图像,想象它在空中旋转，色彩变化，但无论它如何变化，我们始终称之为"apple"。

每当我们背单词时，都可以尝试进行这样的联想。这样，每当我们看到苹果时，大脑就会自动复习它的汉语和英语发音。当我们熟记了"apple"的发音后，便能轻松通过发音来拼写出这个单词。

联想记忆借助视觉效果能够强化发音记忆，并进一步过渡到拼写记忆。然而，这种方法也存在一个显著的局限性。它主要适用于那些能够具象化、可视化的词语，如我们可以轻易地通过想象苹果的形状或者人奔跑的姿态来加深对"apple"和"run"的记忆。然而，当面对抽象词汇时，如"kindly"所表达的慈祥概念，这种方法就显得力不从心了。因为慈祥这种情感状态难以通过直观的图像来捕捉，即使我们尝试将奶奶的笑容与慈祥相联系，也可能因为个体理解的差异而导致记忆上的混淆，错将"kindly"与"grandmother"混淆。因此，对于抽象词汇的记忆，我们需要寻找其他更为合适的记忆策略。

3. 分类记忆

当我们看到猫时，往往会无意识地联想到狗；提及牛时，脑海里也会浮现出马的形象；而拿起铅笔，我们则可能会想起钢笔。这种联想在很多时候都是自然而然的，不需要刻意为之。从脑科学的角度来看，同类事物之间在大脑中存在着紧密的神经连接。当我们想起某一类事物中的一个成员时，这一类别中的其他成员也会被大脑自动激活。基于这一原理，我们可以巧妙地利用这种关联效应，来辅助记忆过程，实现更高效的自动化记忆。

首先，我们需要收集同一类别的词语。这些类别的划分应该基于我们自己的下意识反应，而不是他人的标准。以"铅笔"为例，当我们想要记忆其英文单词"pencil"时，我们可以根据自己的联想，将其与"笔"这一类别中的其他单词（如"pen"）联系起来，或者根据使用场景联想到"橡皮"（rubber）、"尺子"（ruler）等。只有按照我们自己的下意识想法进行归类，才能在需要时自动激活这些联想。

接下来,将分类后的单词按照不同的顺序抄写在多张卡片上。如果只按照固定的顺序抄写,我们的大脑可能会形成一个固定的记忆模式,从而限制联想的灵活性。因此,通过改变抄写顺序,我们可以打破这种固定模式,促进词汇之间的自动激活。

最后,在背诵时,将多个分类的卡片混在一起,打乱顺序进行背诵。这样可以避免对单一分组单词的连续背诵产生的错觉,即认为这组单词已经足够熟悉而无须进一步复习。通过将卡片打乱顺序并混合背诵,我们可以更加全面地回顾所学的词汇,确保每个单词都得到充分的复习和强化。

当我们掌握了简单词汇的记忆方法后,就可以逐步挑战更为复杂的词汇了。记住,持续的学习和练习是提高词汇量的关键。

5.1.4 利用词根记忆单词

初中时期,在一次课堂上,老师如常地列出了当天需要背诵的单词,其中有一个单词特别长,让我们惊讶不已。因为我们当时接触的单词通常只有五个字母左右，而这个单词"interesting"竟然有十一个字母。为了强调英语的趣味性，老师还特意造了一个句子："English is very interesting."试图证明学习英语是一件很有趣的事情。

然而，第二天的课堂抽查让我和我的同桌倍感压力。因为我们都没有能够默写出那个长单词，结果我们俩被迫在黑板上"挂"了一节课，作为未能完成任务的惩罚。从那以后，很长一段时间里，每当有人跟我说"英语很有趣"时，我都会感到有些焦躁不安。

对于"interesting"这类长单词，直接记忆确实是一个挑战。艾宾浩斯通过实验发现，记忆的长度与所需的时间成正比，记忆越长，所需的时间就越多。因此，我们不能死记硬背，而应该尝试将单词进行分组，寻找它们构成的规律。幸运的是，英语有其独特的构词法，这为我们提供了记忆的捷径。

在英语中，许多单词都是基于一些基本规则发展而来的。以"arm"和"army"为例，我们可以看到构词法的奇妙之处。最初，"arm"表示胳膊，但在历史的演变中，人们发现使用工具可以延长手臂的长度和力量，于是就有了长矛（arm）的称呼。随着时间的推移，当一群人需要共同作战时，他们被称为"army"，这个单词在"arm"的基础上加上了后缀"-y"，表示一群持有武器的人，这种词语的构造方法就是构词法。而"-y"这样的后缀添加到单词后面，就是构词法中的一部分。同样地，前缀也是构词法的一部分，比如"out-"加在"sell"前面，就表示"卖得更好"。

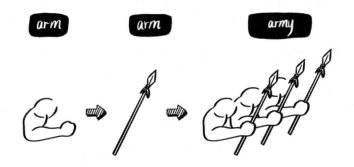

通过学习和运用构词法,我们可以更好地理解英语单词的构成和含义,从而更高效地记忆和掌握它们。

很多长单词看似复杂,但实际上它们是由逐步增加的前缀、词根和后缀构成的,甚至有些单词完全是由这些元素组合而成的。例如,让很多人感到困惑的"interesting"这个词就是很好的例子。前缀"inter-"通常表示两个或更多的人或物之间的某种关系,而"-est"是一个形容词后缀,表示某种性质的最高级。当"inter-"和"-est"结合时,它们共同传达了"最紧密关系"的概念,这里暗示了对某事的极高兴趣,再添加上后缀"-ing",它通常表示正在进行的动作或状态,因此"interesting"就转变为了一个形容词,表示"有趣的,令人感兴趣的"。

通过这种方法,一个由11个字母组成的单词"interesting"被拆分为三个有意义的组成部分,这远低于我们工作记忆的容量,因此可以更容易地被一次性记忆。同时,这三部分之间的逻辑关系也为记忆提供了额外的帮助,进一步降低了记忆难度。一旦我们掌握了这种技巧,英语的学习就会变得更加有趣(interesting)。

然而,英语词根众多,直接记忆所有词根显然不现实。更有效的方法是在记忆单词时,同时记忆与之相关的词根。以下是根据词根记忆单词的两个建议。

1. 准备专业图书

为了系统地学习词根和构词法,准备一本专业的构词法书籍是非常必要的。例如,《柯林斯COBUILD英语语法丛书:构词法》就是一个很好的选择。这本书不仅按照词根拼写作为索引,方便查找,而且详细解释了构词规则,并给出了词根的具体含义以及组合后词性的变化。通过书中的示例和例句,我们可以更深入地理解词根的用法,并加深记忆。

2. 拆分出词根

在刚开始接触词根时,我们可能不知道哪些字母组合可以构成词根。这时,我们需要耐心地尝试拆分单词。以"interesting"为例,我们可以按照以下步骤进行拆分：

（1）观察单词的开头部分，尝试在构词法书籍中查找可能的词根。在"interesting"中，我们可以先尝试查找以"i"开头的词根，但很快就会发现没有合适的选项。

（2）观察单词的剩余部分，尝试找到更长的词根。在"interesting"中，当我们看到"inter"时，就可以意识到这是一个常见的词根，表示"之间"或"相互"。

（3）我们将剩余的"esting"部分再次拆分，尝试找到其他词根或后缀。在这里，我们可以找到"-est"作为形容词后缀和"-ing"作为进行时态的后缀。

最终，我们将"interesting"拆分为"inter-""-est""-ing"三个部分，并理解了它们各自的含义和用法。随着练习的增多，我们将能够更快地识别单词中的词根，尤其是那些常见的词根如"il-""non-""-ing""-est""-er"等。这将大大提高我们记忆单词的效率，并使英语学习变得更加有趣和高效。

5.1.5 批量记忆组合词

早上的英语自习课上，同学们无精打采地跟着老师念单词。每当老师念出一个单词，我们便机械地跟读。老师似乎察觉到了课堂的沉闷，于是他将课本放在讲台上，提议："我们来玩个组词游戏如何？"同学们面面相觑，心中不禁疑惑："英语还能组词？这不是语文课的专属吗？英语单词不都是固定的，需要死记硬背的吗？"

老师看着我们疑惑的神情，开始解释："其实，英语中很多词汇都是由其他词组合而成的。例如，我刚才读的'classmate'，就是由'class'和'mate'两个词组成的。'class'表示班级，'mate'表示伙伴，两者结合就成了'班里的伙伴'，也就是'同学'的意思。"

听了老师的解释，同学们似乎有了些许兴趣。老师见状，继续说道：

"现在,让我们发挥想象力,自己组合一些词语。为了验证大家组合的词语是否正确,我会请英语课代表来查字典。"然后,老师从讲台下搬出那本厚厚的《牛津高阶英汉双解词典》,放在了讲台上。接着,他先起了一个头,从"room"开始。

游戏进行得如火如荼,单词如雨后春笋般冒了出来,如"bathroom""classroom""bedroom""mushroom""playroom""studyroom"等。英语课代表忙得不可开交,一边嘟囔着"你们慢点,你们慢点",一边忙着查字典。每当课代表确认一个单词后,老师便将其抄写在黑板上。

很快,一面黑板就被写满了,老师又换了一面继续写。直到最后,黑板实在写不下了,老师才制止了大家过于兴奋的情绪。课代表统计了一下,黑板上总共写了280多个单词。老师快速地读了一遍这些单词,并解释了它们的含义。同学们惊讶地发现,在短短一节课内,他们竟然轻松掌握了这么多单词。

从那以后,同学们学会了一个新方法——组合词记忆法。每当遇到比较长的单词时,大家都会按照以下步骤尝试记忆。

(1)观察这个单词是否包含已经学过的简单词汇。例如,在学习"benefit"时,同学们发现其中包含了已经学过的"fit",意思是"适合"。

(2)去掉学过的部分,在英文词典中查询剩下的部分。对于"benefit"这个单词,去掉"fit"部分后得到"bene"。在字典中查询得知,"bene"有"祈祷""好的"等意思。

(3)将两个部分结合起来,建立某种逻辑关系以加强记忆。例如,"bene"表示"好的","fit"表示"适合的",两者结合起来就是"适合好的",即"优势"的意思。

(4)利用英文字典寻找以每个部分作为前缀或后缀的其他组合词。将具有相同部分的词语组合起来记忆可以强化对独立部分的印象。例如,以"bene"开头的单词还有"benefactor"(行善者)、"benediction"(祝福)等。

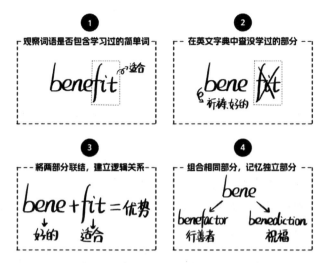

与词根记忆法相似,组合词记忆法同样利用了分组记忆和结构记忆的原理。然而,相较于词根记忆法,组合词记忆法拥有更为广泛的应用范围。英语中常见的词根数量有限,但组合词记忆法则几乎涵盖了所有单词,因为任何一个单词都有可能成为另一个单词的组成部分。

在学习新单词时,我们可以将这两种方法结合起来使用。首先,按照组合词记忆法,尝试将单词拆分为更小的部分,识别出其中是否包含已知的单词或词根。接着,观察剩余的部分,判断其是否为常见的词根或词缀。这样,我们不仅能够更高效地记忆单词,还能减少将长单词过度拆分导致的记忆负担。

通过这种方法,我们可以更系统地构建词汇网络,提高记忆效率,并在实际语言应用中更灵活地运用所学词汇。

5.2 语文记忆

在语文学习的道路上最为显著的难点就是"记不住"。这门学科涵盖了大量的记忆内容,从小学阶段开始,我们便踏上了漫长的记忆之旅。

那么，在语文学习中，是否真的存在一些有效的记忆技巧呢？

5.2.1 根据字形巧记单字

"一个字抄写十遍。错一个，再抄二十遍。"语文老师严厉地对我们几个学生说，她的眼神中透露出对我们记忆力的失望，"看你们长不长记性！"每次随堂测试，她都会让写错字的同学上讲台接受"惩罚"。不幸的是，这次我错了五个字，再次成了"开小灶"的对象。

我侧头看了看左右两边的同学，他们也都面露难色。我们并不笨，但汉字的记忆确实让人头疼。汉字的基本笔画繁多，点、横、竖、撇、捺、提、折、钩，每个字都由这些笔画组合而成，而且每一笔的位置都不相同。

我一边机械地写着"光"字，一边陷入了沉思。这种被反复"开小灶"的日子让我感到无比沮丧，仿佛掉入了一个深不见底的深渊。就在这时，我的脑海中突然闪现出一个画面：一个人影背对着我，瘫坐在地上，仰头望着前方的一堆篝火。这个画面竟然与"光"字的形态惊人的相似。

这个奇妙的联想让我眼前一亮，我仿佛找到了一个记忆汉字的新方法。我开始尝试将每个汉字都想象成一个具体的场景或物品，让它们在我的脑海中形成生动的画面。例如，"山"字可以想象成一座巍峨的山峰，"水"字则可以想象成潺潺的流水。

这种记忆方法让我对汉字的学习产生了新的兴趣。我逐渐发现，原本枯燥无味的汉字变得生动有趣起来。我不再害怕被语文老师"开小灶"，因为我已经找到了克服汉字记忆难题的钥匙。

通过这种方法，我不仅在汉字记忆上取得了显著的进步，还逐渐提高了对语文学习的兴趣。我意识到，学习并不仅仅是为了应对考试，更是为了开拓视野、丰富内心。我开始珍惜每一次学习的机会，努力让自己在知识的海洋中畅游。

"发什么呆呢？"老师的一声斥责让我回过神来，脑袋一疼，意识到又被老师轻轻敲了一教鞭。我赶紧收拢心思，小心翼翼地把剩下的两个字抄写完成，然后默默地走下讲台。回到座位后，我仍旧沉浸在刚才的想法中，思考着汉字是否真的可以这样记忆。

我回想起"光"字的形象，它在我脑海中变得生动起来，上面仿佛是一个坐着的人，望着前方一堆闪烁的篝火。那篝火中，三个火苗跳跃着，我尝试用笔画去描绘这个场景：一小竖代表中间的火苗，一点表示左边的小火苗，一小撇则代表右边的小火苗。接着，一横像是篝火堆的底部，而"儿"字则巧妙地描绘出那个瘫坐着的人，尤其是那竖弯钩，就像是伸出来的右腿。

顺着这个想法，我开始琢磨其他的字。例如，"山"字在我眼中不再是简单的三个竖线，而是三座巍峨的大山并排而立；"日"字则像是人眯着眼睛，透过指缝看太阳，形象而生动。虽然不是所有的字都能轻易找到这样的解释方法，但每搞定一个字，都让我很有成就感，仿佛省下了许多死记硬背的力气。

我逐渐意识到，汉字的记忆并不仅仅是记忆其形状和笔画顺序，更重要的是理解其背后的含义和来源。于是，我开始为每个汉字的字形和笔画赋予特定的意义，让它们在我的脑海中形成独特的记忆点。

随着阅读的增加，我发现许多汉字已经有了丰富的解释和背后的故事。例如，"日"字最初确实是一个圆圈，代表着太阳。为了避免与空圆圈混淆，人们便在圆圈中间加上点或横来区分。后来，人们觉得圆圈难以画圆，于是逐渐演变成了现在的方框形状。

基于这些发现，我总结出一套新的简单字记忆方法。当我们遇到一个新字时，可以按照以下步骤来记忆。

（1）准备一些汉字解说类的专业图书，如《说文解字》《汉字树》等，它们能为我们提供丰富的汉字知识和解释。

（2）学习生字的发音、笔画顺序和基本意思，这是记忆汉字的基础。

（3）通过查询专业图书，了解字的来源以及发展过程，这有助于我们更深入地理解每个汉字背后的含义。

（4）按照笔画顺序，抄写汉字三遍。在抄写的过程中，我们要反复思考每一笔的由来，以及它与其他笔画之间的关系。这样，我们不仅能够记住汉字的形状，还能理解其背后的含义。

经过这样的练习，我发现自己对汉字的记忆变得更加轻松和深刻。每个汉字在我心中都有了独特的形象和故事，让我能够更自然地掌握它们。这种方法不仅提高了我的学习效率，还让我对汉字文化产生了更浓厚的兴趣。

5.2.2 利用偏旁部首巧记组合字

"'分辨'和'分辩'，你们怎么就分不清呢？'分辨'的'辨'是用一点一撇将两个'辛'字分开；而'分辩'的'辩'则是用言字旁将两个'辛'字隔开。"老师如同绕口令般的解释，让我们听得一头雾水。

老师看到我们茫然不解的样子，也是一愣，随即恍然大悟。他转身在黑板上写下两个"辛"字，然后重新开始解释："区分'分辨'和'分辩'确实需要费点心思，需要付出双倍的辛劳，所以'辨'和'辩'里都有两个'辛'字。如果我们被误解了，需要'分辩'，这时要开口说话，所以'分辩'的'辩'中间是言字旁。而如果我们要'分辨'西瓜甜不甜，就需要将它切开，这就需要一把刀。在'分辨'的'辨'字中，一撇就像那把刀，一点则像是刀上的刀尖。这就是偏旁部首的魅力。"

听到这里，我们茅塞顿开，原来复杂字的记忆需要先拆分，再理解，最后才是记忆。

1. 什么是偏旁

我们的汉字大致分为两大类。第一类是独体字，如"日""人""车"等无法拆分的简单字；第二类是合体字，由两个或更多独体字组合而成。例如，"们"字就由"亻"和"门"两个独体字组成。由于常见的独体字只有400多个，因此学习汉字主要是学习合体字。

合体字可以拆分为多个部分，每个部分都被称为偏旁。偏旁有的表示发音，有的表示含义。以"们"为例，"门"表示读音men，"亻"则表示人。两者结合，就形成了"们"字的含义。

2. 什么是部首

部首是表意的偏旁。在"们"字中，"亻"作为表示意义的偏旁，是部首；而"门"不表意，所以不是部首。通过部首，我们可以更容易地理解字的意思，并区分不同的字。例如，在写"我们"时，我们很自然地选择人字旁的"们"，而不是提手旁的"扪"。

3. 巧用偏旁部首

在记忆汉字时，大多数同学都会下意识地将复杂字拆分为偏旁来记忆。例如，"们"字就可以拆分为"亻"和"门"两个偏旁。这种拆分方式能够显著减少记忆量。但为了确保记忆的准确性，我们还需要在偏旁之间建立联系。

对于简单的字，我们可以很容易地找到联系。例如，"波"字的水字旁表示与水有关，而"皮"字不仅表示发音，还暗示了水面的波纹。两者结合，我们就可以记住"波"字的含义。

对于复杂的汉字，需要一些额外的理解和记忆策略。当遇到如"眺""羔""崖"这样的复杂字时，我们可以参考专业的书籍或资料来深入了解其构造和含义。

（1）"眺"字由目字旁和"兆"字组成。这里的"兆"并非直接表示"非常多"，而是有引申含义。目字旁自然与视觉相关，而"兆"字在这里可以理解为预示或远望的意象。合起来，"眺"字就表达了远望或眺望的意思，通常用于描述从高处或远处看风景。

（2）"羔"字由"灬"（huǒ，表示火）和"羊"组成。这里的"灬"并非四点水部首，而是火的变形。在古代，这个字与烤羊有关，由于小羊的肉质较为嫩滑，烤制时容易做到外焦里嫩，因此"羔"字多指小羊。在烤的时候，羊尾巴是被割掉的，所以"羊"字中的一竖不出头。

（3）"崖"字由山字旁和"厓"组成。"厓"字本身有山崖、高地的含义，其中的"厂"字旁表示倾斜或陡峭的形态。结合山字旁，"崖"字就形象地表达了山的陡峭边缘或悬崖的意思。这个字常用于描述险峻的山势或悬崖峭壁。

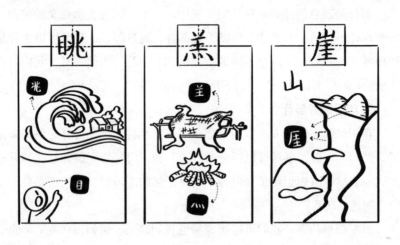

通过参考专业的书籍或资料，我们可以更深入地了解汉字的构造和含义，从而更好地记忆和使用它们。这不仅有助于我们提高汉字识读能力，还能让我们更加欣赏汉字之美。

有了上述详细的解释和类比，我们再次抄写"眺""羔""崖"这三个字时，能够加深记忆，且不会轻易忘记。

4. 延伸到同类词

当我们掌握了这些字的构造和含义后，通过简单地改变部首，就能解释和理解其他相关的字。这种方法不仅有助于我们记忆汉字，还能让我们更加灵活地运用汉字。以下是通过改变部首来解释其他字的例子。

例如，当洪水暴发时，我们需要避难并挑选那些贵重且方便携带的物品，这就用到了"挑"字。当我们需要携带更多的物品时，我们可能会选择用肩膀承担，这时就涉及了"担"字。如果在避难的过程中遇到浅的水沟，我们可能会选择跳跃过去，这就用到了"跳"字。而在整个逃难的过程中，我们都在不停地行走，这就构成了"逃难"的概念。

通过这种方法，我们不仅可以更深入地理解汉字的含义和构造，还能扩展我们的词汇量，丰富我们的语言表达。

5.2.3 四步搞定文言文背诵

如果把记生字、生词比作攀登小山包，那么文言文记忆的难度则如同征服珠穆朗玛峰。学生时代，我们常常在早自习时反复背诵课本上的文言文，如《鱼我所欲也》《出师表》《劝学》《陋室铭》等。然而，我们常常面临这样的困境：一个早自习下来，可能连一段都背不下来。即使勉强记住了，到了第二天早晨又忘得一干二净，只能重新来过。这种"今天背，明天忘；天天背，天天忘"的循环让我们倍感压力，对文言文的考试部分更是心生畏惧。

然而，现在回想起来，文言文背诵实际上并没有那么难，关键在于方法。

1. 分段记忆

文言文虽然篇幅不长，但因其言简意赅的特点，使得每一个字都承载了丰富的信息。因此，一口气背诵全文往往效果不佳。我们应该学会分段记忆。例如，《爱莲说》《劝学》《岳阳楼记》《出师表》都可以根据内容或逻辑进行分段，通过分段，我们可以更好地把握每一段的内容，提高记忆效率。

2. 深入理解字词含义

文言文中的字词往往与现代汉语有所不同，因此理解其含义是背诵的关键。以《岳阳楼记》的第一句"庆历四年春，滕子京谪守巴陵郡"为例，我们可以这样分析。

"庆历四年"：庆历是宋仁宗赵祯的年号，代表着特定的历史时期。

"滕子京"：滕子京是北宋时期的政治家，与范仲淹交好，其生平事迹和与岳阳楼的关系都值得我们了解。

"谪守"：这是一个特殊的官职变动形式，表示因罪被贬谪到外地任职。了解这个背景后，我们就能更好地理解滕子京为何会出现在巴陵郡。

"巴陵郡"：这是古代地名，位于现今岳阳市的周边区域。它的名称可追溯至南朝时期。在隋朝时，巴陵郡被更名为巴州，随后又更名为岳州。因此，当滕子京在此地任职时，他的职位应被称为知州。由于古人习惯将巴陵故城称为岳阳，这也促成了后来岳阳楼的得名。

通过这样的分析，我们不仅能够更好地理解文言文的内容，还能提高背诵的效率和准确性。同时，这种深入的学习方法也能让我们对文言文产生更浓厚的兴趣，从而更加主动地学习和记忆。

当我们深入理解了文言文的每个字词后，不仅能够清晰地把握句子的主题，还能将标题与后续内容紧密相连。以《岳阳楼记》为例，我们不再只是简单地背诵文字，而是能够思考巴陵郡修的楼为何被称作岳阳楼，理解滕子京为何能在上任一年内使岳州达到"政通人和，百废俱兴"的盛况，以及为何文中会提及"则有去国怀乡，忧谗畏讥"的感慨。

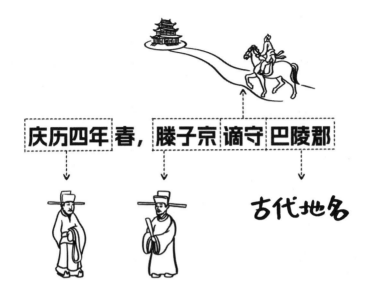

3. 掌握特有格式

在背诵文言文时,除了理解内容,还需要特别关注其特有的句式和格式。以《岳阳楼记》为例,其中包含了多种古代汉语的句式特点。

(1)状语后置:如"刻唐贤今人诗赋于其上",这里的"于其上"是状语后置,我们在背诵时需要留意这种结构,避免按现代汉语习惯误记。

(2)省略句:如"属予作文以记之",这里省略了主语滕子京,背诵时需自行补充完整。

(3)判断句:如"此则岳阳楼之大观也",其中"也"字表示判断语气,是背诵时不可遗漏的关键字。

(4)定语后置:如"居庙堂之高"实际上是"高高的庙堂",定语被放在了后面,背诵时需注意调整语序。

(5)倒装句:如"微斯人,吾谁与归",这里的"吾谁与归"实际上是"我与谁归"的倒装,背诵时需特别留意。

只有熟练掌握了这些特殊句式和格式,我们才能更加准确地背诵和理解全文。

4. 找准节奏

古代文人在写作时非常注重韵律和节奏，这使得文言文读起来朗朗上口。为了降低记忆难度，我们可以在背诵前找准文章的节奏。以下是一些常见的节奏划分方式。

在主谓之间、动宾之间设置停顿，如"予 / 尝求 / 古仁人之心"。

在句首语气词之后设置停顿，如"若夫 / 淫雨霏霏"。

在舒缓语气的"之"后设置停顿，如"此则岳阳楼之 / 大观也"。

在句首出现假设、转折的连词后设置停顿，如"至若 / 春和景明"。

在背诵之前，我们可以先诵读几次，将需要停顿的位置都标记出来。这样，在背诵时我们就能更好地把握节奏，享受韵律感带来的记忆加成。

按照这样的顺序，我们一段段地攻克文言文，最后将其串联起来巩固几次，就能彻底掌握整篇文言文了。

第6章
作业强化记忆

要想记忆深刻，我们就必须持之以恒地复习。清晨起床后，是记忆的黄金时段，我们应抓住这个机会背单词、背课文，以加强记忆。课后，我们应重新温习课本、整理笔记，并深入理解例题，以确保知识真正内化。

然而，除了这些方法，我们还应重视一个更为有效的记忆巩固手段，即作业。实际上，作业不仅仅是检验学习成果的工具，更是一种高效的记忆巩固手段。通过做作业，我们可以将所学知识应用到实际问题中，从而加深理解和记忆。

6.1 作业的强大作用

提到作业，我们往往不自觉地流露出厌烦的情绪。我们在作业上投入了大量的时间，但往往因为一些小错误而遭受批评。比如字迹潦草、缺少标点符号，甚至简单的计算题也会出错。然而，这些问题实际上源于我们对作业的片面理解和偏见。为了充分利用作业的价值，我们需要重新审视和认识作业。作业不仅是检验学习成果的工具，更是巩固知识和提升能力的重要途径。因此，我们要以更积极的心态面对作业，发现其中的价值和意义。

6.1.1 从打破认知开始

2008年,美国心理学家杰弗里·卡皮克开展了一项颇具启发性的研究,旨在探究再次学习(如复习课本)和测试(如作业、考试)对于长期记忆的影响。他精心组织了一项实验,召集了一批志愿者,并将他们分为四个小组,每个小组都需记忆 40 个词汇对。整个实验过程中,每组志愿者都需要连续进行八次学习和测试。

第一组志愿者采取了传统的全面复习方式,他们每次都会学习所有的词汇对,并在每次学习后进行全面的测试。第二组志愿者则采取了更为精准的策略,他们只针对上次未掌握的词汇对进行学习,但在测试时仍会考查所有的词汇对。第三组志愿者的策略与第二组相反,他们每次都学习全部词汇对,但仅在测试时专注于那些之前未能掌握的词汇对。最后,第四组志愿者则采取了最为精简的方法,他们仅对上次未掌握的词汇对进行学习和测试。

经过一周的学习和准备后,所有志愿者共同参加了一个测试,以检验他们对全部 40 个词汇对的掌握程度。结果十分有趣,采用全面学习和测试方式的第一组和第二组志愿者,在测试中成功回忆起了大约 80% 的词汇对;而采用更为精准学习和测试策略的第三组和第四组志愿者,其回忆率则分别仅为 36% 和 33%。

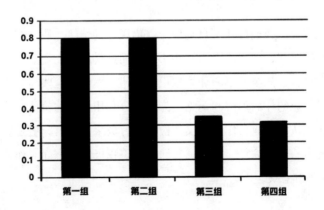

为什么第二组比第一组学习的少,却能和第一组取得相同的成绩呢?为什么第三组和第一组学的一样多,成绩却差了那么多?为什么第四组成绩最差呢?下面我们来依次分析这几个问题。

6.1.2 大力不一定出奇迹

关于"大力出奇迹"这一信念在学生学习中的应用,我们常听到的是"只要努力,就能成功"的论调。许多同学坚信,通过不断地重复背诵和学习,无论是背课文还是应对难题,都能达到目标。这种想法虽然在一定程度上有激励作用,但它并不完全准确。

我记得在我上学时,老师常常引用古人的智慧来鼓励我们:"书读百遍,其意自现。"他们告诉我们,只要功夫深,难题自然解。然而,现实往往并非如此。许多同学虽然付出了大量的努力,但成绩却并未有显著的提升,甚至有些人只能维持中等水平。这种结果让人不禁怀疑,是否真的是"大力出奇迹"?

然而,从科学的角度来看,事情并非如此简单。以卡皮克的实验为例,我们发现仅仅通过反复阅读课本和笔记,并不能带来显著的学习效果。观察第一组和第三组志愿者的数据,尽管他们都付出了大量的努力,但他们的表现并未超出预期。第一组志愿者虽然回忆起80%的单词对,但这与第二组志愿者的成绩相当,而第二组每次只专注于复习之前未掌握的词汇对。

这表明,一旦我们掌握了某个知识点后,再次重复学习并不会进一步提升我们的长期记忆。这一现象早被艾宾浩斯所发现。在背诵音节的初期,随着重复次数的增加,记忆效果会迅速提升。但到达一定限度后,记忆效果就不再增加。这背后的原因是什么呢?

随着脑科学研究的发展,我们了解到大脑有一个特点:它更偏爱新鲜信息。当大脑接收到新的信息时,它会迅速判断该信息是否已存在于长期记忆中。如果信息是新的,大脑会激活海马体来加强记忆;如果信息已经存在，大脑则会选择忽略。因此，我们需要更加科学地规划学习方法，避免无谓的重复，专注于真正需要掌握的新知识。

这就导致了一个现象：当我们面对已经熟练掌握的信息时，再投入大量的努力去学习实际上是徒劳的。因为大脑会自动将这些信息判定为无用，而我们自己可能并未察觉，还在为自己的努力而感动。因此，在付出"大力"之前，我们应该先评估一下自己对知识的掌握程度，避免将精力浪费在已经掌握的内容上，从而确保我们的努力能够更有效地提升学习效果。

6.1.3 "刷题怪"的胜利

高中班里有一位被大家戏称为"刷题怪"的同学。每当老师不在讲台上授课时，他总是埋头于题海中。英语早自习，当其他同学在努力背诵单词时,他却在专注地解答英语题目。语文早自习,当别人在朗诵课文时,他同样沉浸在语文试题的世界里。晚上自习时段,我们忙于回顾和巩固课本上的知识,他依旧在刷题。他不仅完成了学校发放的习题册,还额外购买了多本习题集,甚至收到了来自外地笔友寄来的各种练习题。

我们曾善意地提醒他,在刷题之余,不妨多回顾一下课本内容。他却笑着说:"我觉得刷题更有意思,遇到不懂的再翻书也不迟。"面对他的坚持,我们曾一度抱着观望的态度。然而,经过三年的努力,这位"刷题怪"的成绩始终名列前茅,他的方法显然是有效的。这样的结果确实令人既惊讶又佩服,但同时也让人感慨万分——每个人都有自己的学习方法,适合自己的才是最好的。

从现在来看,"刷题怪"同学确实走了一条非常有效的学习之路,而卡皮克的实验恰好为此提供了有力的证明。为何会产生如此大的差距呢?我认为原因主要有以下三点。

(1)测试时,大脑需要主动提取信息,这是一种主动重复的过程。与此相反,复习课本和笔记时,大脑往往处于被动接受的状态,即被动重复。主动重复能够更有效地激活神经元,从而强化记忆。从这个角度来看，大脑更倾向于主动掌控学习过程，而不是被动应对。

（2）在测试过程中，大脑会根据题目的要求，对记忆进行重新加工，添加更多的细节，比如思考某个知识点与哪些题目相关、可能的考查方式等。这些额外的细节不仅有助于记忆本身，还能提升在最终测试中的表现。

（3）每次的测试都是独一无二的。相较于反复使用相同的学习资料（如课本或笔记），测试的内容总是有所变化。例如，题型、表述方式和已知条件都可能不同。这种变化恰好符合大脑喜欢新颖、讨厌重复的特点，从而促进了记忆的形成和巩固。

因此，我们可以得出结论，"刷题怪"同学通过大量的练习和测试，不仅验证了自己对知识的掌握程度，还通过主动重复和重新加工记忆内容，有效巩固了知识点。这正是他能够长期保持优异成绩的关键所在。这也解释了为什么我们曾以为他走的是一条弯路，但结果却证明了他的方法是如此正确和高效。所以，在复习时，我们不妨也借鉴"刷题怪"同学的经验，通过刷题来验证和巩固自己的知识点，实现事半功倍的学习效果。

6.1.4 误区：一旦掌握了，就不用再学了

高中的时候，我们观察学期的进度，并不依赖日历，而是依赖传奇人物小周的成绩变化。那时，学校实行周考制度，而小周的成绩几乎就是我们的"学期日历"。学期伊始，小周的成绩总能保持在班级前五名，但随后便开始逐步下滑，从第七名、第十名，直到第十三名。期中考试，他的成绩滑落至班级中游的二十多名。到了期末考试，他的成绩更是落到了末尾，四十名开外。然而，每当新学期开始，他又总能逆袭，重回到班级前几名的行列。大家都开玩笑，一年有四季，而小周的学期则有"学霸季""中等生季""学渣季"，仿佛一个循环往复的周期。直到高三的三轮大复习，小周的成绩才稳定下来，始终保持在班级前五名，

并最终考入了一所名牌大学。作为一位经历起伏但永不言败的典范，他被邀请分享学习经验。他的经验核心只有一条：消除错觉，不要认为"一旦掌握了，就不用再学了"。

在生活中，我们往往有一种错觉，一旦学会某个技能或知识，就认为再也不用学习了。例如，我们学会骑自行车后，就很少再去刻意练习，但这项技能却能够长时间保持。同样，我们在游戏中掌握某个英雄的技能后，除非有新的技能更新，否则也不会再花时间去练习。然而，这种认知在学习上却并不适用。

在卡皮克的实验中，第四组志愿者的成绩表现最差，这一组志愿者遵循的就是"一旦掌握了，就不用再学了"的原则，他们只复习那些之前未掌握的内容，并只测试那些尚未掌握的部分。这一实验结果明确地告诉我们，这种"一旦掌握了，就不用再学了"的认知在学习上是有问题的。

为什么这种在生活中看似有效的认知，在学习上却行不通呢？原因在于，我们在生活中总是不断地"实践"这些技能。例如，学会骑车后，我们会时不时地骑车，甚至每天都会骑车。每一次的骑车都是对骑车技能的检验和巩固，我们在实践中不断验证如何上车、下车、蹬踏板、转弯和保持平衡。

然而，在学习上，当我们自认为掌握了某个知识点后，却很少再回头去复习课本和笔记，也很少再做类似的题目来巩固知识。只要后续的学习不需要用到这些知识点，我们往往就会将其束之高阁。这样，我们实际上是在放任大脑的遗忘机制，直到考试时才惊觉自己已经忘记了这些曾经掌握的知识。因此，对于已经掌握的知识点，我们仍需时常复习。如果觉得重复阅读课本和笔记过于枯燥，那么定时做几道相关的题目也是一个很好的选择，可以有效避免遗忘的发生。

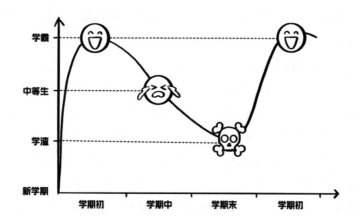

6.1.5 "刷题怪"与学霸的对抗

有一次,物理考试的题目异常难,许多同学甚至对题目的描述都感到一头雾水。在满场的叹息声中,不少同学纷纷向"刷题怪"请教:"这么难的题目,你之前有见过类似的吗?""刷题怪"认真地摇了摇头说:"没见过。"这句话让大家稍微松了口气,毕竟连"刷题怪"都未曾涉猎过的题目,自己答不上来也情有可原。

然而,正当大家准备放下心来时,"刷题怪"又语出惊人:"不过,这题目其实也不算太难。"此言一出,众人皆惊。有人暗自嘀咕:"这家伙真是吹牛不打草稿。"大家纷纷决定等成绩公布后,一起来验证"刷题怪"的话是否属实。

不久,成绩揭晓。学霸以95分的高分领跑全班,而"刷题怪"紧随其后,取得了94分的优异成绩。其他同学则大多只有六七十分,甚至更低。这一结果让之前对"刷题怪"持怀疑态度的同学们哑口无言,不得不佩服"刷题怪"的深厚实力。

大家一脸震惊。学霸能考95分,很正常,但"刷题怪"考94分,就太出乎意料了。大家纷纷猜测,那家伙肯定做过类似的题目。然而,老师的话很快击破了我们的猜想:"这次的题目是我们几个老师一起拟定的,没有参考过往题目,题型也比较新颖,所以难度比较大。大家没有考好,是正常的。希望大家下次努力。"至此,我们终于认可了"刷题怪"的能力,只是觉得他比较另类一些。

搞定难题、怪题依赖的是举一反三的能力。在心理学上,这种能力被称为学习的迁移能力。迁移能力使我们能够把在一个情境中学到的知识,灵活地应用到另一个情境中。例如,在数学中,我们掌握了水池注水问题的解法,然后就能将同样的思路应用到两人相遇问题上。

那么,我们如何在学习中培养这种举一反三的迁移能力呢？传统的多看书、多做笔记固然有效,但更为高效的方法是刷题。美国心理学家安德鲁·巴特勒曾通过实验验证了重复测试和重复学习对学习迁移效果的影响。实验结果表明,采用重复测试方式的学生的学习成绩比重复学习提升了41%～71%。这种成绩的提升主要得益于测试对记忆的另一个促进作用——多角度思考。

以我个人经验为例,我每次回家都是从小区的北门进入,沿着固定的路线走到自家楼前。因此,我通常只能看到楼的正面和西侧面。有一天,我和母亲在小区外散步,母亲指着一栋楼说:"那是我们邻居家的灯亮了。"我半天没认出来，因为这栋楼的背面是我从未见过的。后来，我特意绕楼走了几圈，才全面了解了这栋楼的结构。如果能从更高的角度观察，或者看一看建筑图纸，我对这栋楼的认识肯定会更加充分。这就是多角度观察的好处。

同样，在学习中，一个知识点也有多种观察角度。以勾股定理为例，我们可以通过已知的两条直角边的长度来求出斜边的长度，这是一个角度。反过来，如果我们知道一个三角形的三条边满足勾股定理的条件，就可以判断这个三角形是直角三角形，这是另一个角度。

然而，仅仅重复学习课本和笔记只能提供有限的几种角度。无论我们看多少次，都无法扩展观察的角度。而测试则不同，它为我们提供了更多角度。每个题目的表述方式、考查方式、题目背景都不同，每种不同都可能是一个全新的观察角度。

从脑科学的角度来看，这种多角度的观察会让我们对所记忆的内容进行深度加工，形成更多的记忆痕迹。同时，这种多角度的观察还建立了更多的检索线索。当题目中出现相关的信息时，我们的大脑会迅速找到对应的记忆，来解决相应的问题。

6.2 刷题的策略

虽然刷题是一种有效的学习方法，但需要讲究策略。有效的刷题方式能够显著提升学习效率，帮助我们更好地巩固记忆、理解和掌握知识点。相反，无效的刷题方式则只会让我们浪费宝贵的时间，甚至可能让我们陷入学习的困境。

6.2.1 做选择题的必需步骤

做作业时，选择题因其独特的性质而备受欢迎。学霸们偏爱选择题，因为选择题允许他们直接选择答案,无须冗长的解答过程,只需简单地写下A、B、C或D。中等生也乐于见到选择题,因为他们可以利用排除法,通过排除错误选项来找到正确答案。而对于那些在学习上遇到困难的学生来说,选择题同样具有吸引力,因为选择题允许他们在不确定时蒙一个答案,从而避免试卷上留下空白的尴尬。

老师也喜欢选择题,因为它在批改时更为简便,能够快速判断学生的答案是否正确。因此,选择题在练习册和考试中大量出现。

然而,尽管选择题有其优点,但也有其局限性。作为一种客观题型,选择题往往只关注答案的正确性,而忽略了学生对知识点的深入理解和应用。同时,选择题也可能干扰学生对知识点的记忆,因为学生可能只是机械地记住了答案,而没有真正理解题目背后的知识点。

在考试中,不同的学生对于同一道选择题可能会有不同的答案和解释。有一次考试后,同学们聚在一起核对答案。前三题大家意见一致,但第四题却引发了争议。小王坚持选B,他按照书本上的公式推导出了这一答案。小李则自信地选D,因为他在另一本练习册上见过类似题目。

两个人为了某个题目争执不下，此时旁边的小高出来解围，建议小李拿出练习册。小李迅速从练习册中找到了这个题目，并指给小王看。小王一看，发现题目和选项都一模一样，顿时有些泄气。小高凑过来看了一会儿，问道："这习题册有答案解析吗？"小李迅速翻到答案页，却惊讶地发现答案是 B，而之前他们讨论的选项 D 只是一个干扰项。

小李的经历并不是孤例，许多同学都曾有过类似的经历。这背后其实是选择题给我们设下的三个"陷阱"。

第一个陷阱：备选项无法直接验证答案的正确性。做选择题时，我们往往只关注答案，而不需要写出完整的解题过程。这导致如果解题过程中存在疏漏，我们也难以察觉。只要结果出现在备选项中，我们就容易误认为是正确答案。长此以往，大脑会将错误的解题过程作为成功经验保存下来，日后遇到类似题目时便容易再次犯错。

第二个陷阱：备选项可能对我们的记忆产生干扰。出题人在设置选项时，会考虑到同学们可能犯的错误，并设置一些看似合理的干扰项。这些选项可能会引导我们做出错误的判断。例如，在考查第一次鸦片战争开始时间的选择题中，如果选项中同时出现了第一次和第二次鸦片战争的起始和终止时间，而我们对这些时间记得不太清楚，就很容易被混淆。

第三个陷阱：错误的选项也可能无意间被我们记住。即使我们在做题时避开了陷阱，但错误的选项仍然有可能进入我们的记忆中。当我们为避开某个陷阱而高兴时，大脑会变得异常活跃，此时海马体会将所有信息一并保存。随着记忆的模糊，我们可能会将错误的选项当作正确答案。

要避免这些问题，我们需要在核对答案时做到以下几点。

（1）检查自己的答案是否正确。如果答案错误，需要找出错误的原因，并重新解答一遍，以修正自己的记忆，避免再次犯错。同时，将这个题目记录在错题本上，以便日后不断巩固。

（2）仔细辨别正确选项和错误选项之间的差异。通过对比和分析，建立足够的区分度，避免大脑混淆。例如，对于两次鸦片战争的知识点，不仅要记住每次战争的起始和终止时间,还要区分每次战争的持续时间、发起方、起因等要素。

（3）研究干扰项的设置原因。很多干扰项都是出题人针对常见误区而设置的。了解这些干扰项的由来,有助于我们完善解题思路,避免被错误选项所误导。

此外,核对答案也是一种快速复习的方式,可以帮助我们巩固相关知识点。做完选择题后及时核对答案对提升成绩有着显著帮助。

6.2.2 误区：做一道题，对一下答案

做练习册时,许多人习惯做完一道题后立即查看答案。当答案正确时,我们感到兴奋并继续前行；而当答案错误时,我们会立即纠正。对于无法立即找到答案的题目,我们也会利用各种 App 来查询。这种做法看似符合"有错就改"的教导,但实际上并非一个好习惯。

从心理学角度来看,立即查看答案属于及时反馈,而将所有作业完成后统一对答案则属于延时反馈。通过对比,研究发现延时反馈更能加深我们的理解和记忆。美国心理学家安德鲁·巴特勒的实验验证了这一点,他发现延时反馈相较于及时反馈,能多提升 11% 的成绩。这一简单的时间推迟为何能产生如此显著的效果呢？

1. 是否产生二次复习

在立即查看答案时,我们的大脑中仍然清晰记得刚刚解题的过程和结果,与答案对照后,虽然能确定对错,但由于大部分信息都存储在工作记忆中,没有经历有效的检索和加工,因此对记忆的巩固作用有限。

而在所有题目完成后统一对答案时,我们的大脑可能只记得题目的轮廓。此时,我们需要重新检索记忆,找到之前的解题过程和结果,再与答案对照。在这一过程中,我们的大脑经历了二次复习,从而加深了对应记忆的巩固。

2. 针对错题的处理

在立即查看答案时，如果答案错误，我们虽然会立即纠正并建立正确的解题思路，但此时错误的思路仍然处于激活状态，与正确的思路产生冲突。这可能导致我们在未来遇到类似问题时感到困惑，不确定哪个思路是正确的。

而在统一对答案时，错误的思路已经不再活跃。此时，正确的思路以活跃的状态覆盖错误的思路，形成更深的记忆影响。因此，下次再遇到类似问题时，我们更可能首先想到正确的解题思路。

3. 对考试的影响

养成立即查看答案的习惯后，在考试时我们可能会不自觉地想要立即核对答案，但这在考场上是不可能的。这种无法核对答案的不安情绪可能会积累并影响我们的考试发挥。

因此，尽管做题后需要核对答案，但建议至少间隔十分钟以上。最好的方式是在完成所有作业后，再集中对答案，这样不仅能提高记忆效果，还有助于养成良好的学习习惯。

6.2.3 刷不同类型的题

数学考试后，王大壮再次被老师请到了办公室。老师指着他的试卷，愤怒地责问："如此简单的题目，你怎么会错？7乘以3，你给我说说，是怎么得出24的？"王大壮尴尬地挠了挠头，解释道："我真的想不起乘法口诀了。当时又急着交卷，我就不管三七二十一，随便猜了个24。没想到，还真猜错了。"听到这话，老师被气得直翻白眼，无奈地摇了摇头。

这个笑话虽然让人忍俊不禁,但确实反映了我们在学习中常遇到的问题。比如在完成古诗补全的作业时,有些同学擅长根据上句写出下句,但一遇到根据下句填写上句的情况,就变得手足无措;又比如在老师点名背诵课文时,有些同学非得老师提醒每段的开头一句话,否则就难以继续,频频卡壳。

这些问题其实都指向了学习中的一个重要环节——记忆与理解。在记忆过程中,我们常常依赖单一的背诵方式,这会导致一些问题。例如,在背诵古诗时,我们通常先记住上一句,然后努力回忆下一句。在背诵课文时,我们则常常依赖每段开头的第一句作为记忆的线索。然而,当这些线索在回想时缺失,我们就可能无法顺利回忆起内容。

有些情况下,这些线索非常明确,如《岳阳楼记》的开头"庆历四年春,滕子京谪守巴陵郡"。但在其他情况下,线索可能更加隐晦,如数学中的水池问题和相遇问题,它们虽然表面看似不同,但解题思路却是一样的。

(1)一个水池有两个进水管。一个进水管需要 3 小时可以将水池灌满,另一个需要 5 小时。我们求解两个进水管同时打开时,需要多少时间才能灌满水池。

(2)考虑 A 和 B 两个地方。甲从 A 到 B 骑车需要 3 小时,而乙从

B 到 A 骑车需要 5 小时。当甲和乙分别从 A 和 B 出发，相向而行时，我们需要找出他们相遇所需的时间。

有时，我们会发现自己擅长解决某一类问题（如水池问题），但在面对另一类看似不同但实质上解题思路相同的问题（如相遇问题）时却感到困难。这主要是因为我们的记忆和解题思路过度依赖问题的表面特征，而非问题的核心逻辑。

为了避免这种依赖特定线索的记忆问题，我们应该在记忆时采用多样化的策略。在做题的时候，我们需要做不同形式的题目。

（1）完成古诗填写作业时，我们不仅要锻炼根据上句写出下句的能力，还应提升从下句回溯到上句的技巧。对于已经做过的古诗填写题目，我们可以尝试用纸张遮挡住原题目，仅根据自己填写的答案反向推测并补充完整的题目。

（2）在背诵课文时，我们可以特别注重第一句的记忆。例如，将标题与第一句相结合进行背诵，将标题作为记忆的线索。这样，一旦看到标题，便能顺着后续的内容进行回忆。

（3）在处理各类应用题时，我们应学会抽取题目中的核心要素进行记忆。例如，在解决水池问题时，关键在于理解多个部分如何共同实现一个目标。因此，当我们面对相遇问题时，可以识别出"两个人"是问题的组成部分，"相遇"则是他们共同达成的目标。基于这些线索，我们便能自然地联想到水池问题的解题思路，并将其应用到类似的问题上。

6.2.4　误区：抄写类作业非常适合背诵内容

在英语和语文课上，抄写类的作业是老师常用的一种教学方法。例如，语文老师会布置抄写古诗的任务以加深记忆，英语老师则会要求抄写单词来强化词汇学习。然而，这类作业常常因其单调性和耗时性而受到学生的抱怨。为了尽快完成作业，学生们可能会采用草率的书写方式，导致字迹潦草到连自己都难以辨认。这种不规范的书写习惯往往会引发老师的批评，并可能导致额外的抄写任务作为惩罚。

在抄写的过程中，学生们通常遵循一个固定的模式：首先用眼睛观察原词或原文，然后将其复制到纸上，并检查抄写的正确性。这个过程主要依赖视觉编码，即大脑通过视觉信息来处理和记忆文字。在抄写速度较慢时，大脑还可能会额外思考原词或原文的含义，但在时间紧迫或任务繁重的情况下，学生们往往只专注于完成抄写任务，而忽略了对内容的深入理解和思考。

如果老师对笔迹有严格要求，学生们在抄写时还会特别注意笔画的规范性。然而，这种过度的注意力集中可能使大脑更加专注于视觉编码，而忽视了其他重要的学习环节，如理解、记忆和应用。

因此，为了提高抄写类作业的效果，老师可以考虑采用多样化的教学方法和策略。例如，可以通过引导学生深入理解原文或单词的含义，或者通过其他形式的练习来巩固记忆，如填空、选择、造句等。同时，老师也可以适当减少抄写次数，以减轻学生的负担，并鼓励他们采用更加规范和清晰的书写方式。

前面我们已经讨论过，视觉编码的记忆效率通常低于语义编码。视觉编码主要适用于无法进行语义编码的情况，但大多数情况下，抄写类作业的内容都可以采用更为高效的语义编码方式进行记忆。例如，在记忆英文单词时，我们应该从单词的含义、发音以及与之相关的语境等角度进行记忆，而非仅仅依赖视觉上的重复抄写。同样，对于语文古诗的记忆，我们可以深入理解诗歌的含义、背景以及作者的意图，这样不仅有助于记忆，还能提升对古诗的欣赏能力。

然而，对于某些最基础的内容，如英文的26个字母或一些简单的独体字，我们可能确实需要依赖视觉编码类的抄写进行记忆。但在进行这类抄写时，我们也应该尽可能地融入语义编码的元素，比如通过字母组成的单词或独体字构成的词语来加深记忆。

因此，对于抄写类作业，我们应该根据记忆内容的特点进行区分。如果抄写的内容有更高效的记忆方式，我们应该积极向老师建议减少这类作业的数量。如果无法减少作业量，我们也应该避免单纯的、机械性的抄写，而是在抄写的过程中积极思考、深入理解抄写内容的含义，从而提升记忆的加工深度，获得更好的记忆效果。这样的学习方法不仅有助于我们提高记忆效率，还能培养我们的思考能力和学习兴趣。

6.2.5　刷题也需要有节奏

高三的时候，老师为了让我们熟悉考试模式，经常会分发大量的模拟试卷，并要求我们在一周内完成。我习惯按顺序逐一完成这些试卷，但往往因为题量庞大，总是在最后期限才匆忙完成。而令我惊讶的是，我的同桌似乎总能比我更早地完成，并且他看起来并没有我那么努力。

我开始留意他的做题方式，发现他有一个独特的方法。他并不是按顺序做题，而是跳跃性地选择题目。他先做第一套试卷的第一题，然后会翻到其他几套试卷中寻找相同知识点的题目，一并解决。出于好奇，我询问了他这样做的原因。他解释说，他的方法是"要么不做，要做就做个彻底"。

他的做法是先从第一个题目开始,然后集中攻克与该知识点相关的所有题目。这样做的好处是,虽然开始时可能会有些困难,但随着对同一知识点的反复练习,他的做题速度会显著提高,效率也随之提升。然而,尽管这个方法听起来很有效,但他的成绩并没有超过我。

后来,我了解到美国心理学家玛丽·皮克的研究。她发现,回忆的难度对记忆的巩固有正面影响。在她的实验中,当两次测试之间的间隔时间增加时,记忆的效果反而更好。这使我意识到,我的同桌之所以成绩不如我,可能是因为他过于迅速地完成了相同知识点的题目,没有给大脑足够的时间去巩固记忆。

我是按照试卷的顺序逐一完成的,每次检索同一个知识点的时间间隔可能是几个小时,甚至一天以上。这种看似低效的方式,实际上因为增加了回忆的难度,反而让我对知识点的记忆更加牢固。

因此,在刷题时,我们应该注意练习的间隔。对于同一个知识点的题目,最好不要一次性完成太多。相反,我们应该将这些题目分散在几天内完成,以保持一定的检索难度,并利用间隔效应来巩固我们的记忆。这样,我们不仅可以提高做题效率,还能更好地掌握知识。

6.2.6　误区:刷题越多,效果越好

小时候,我热衷于品尝橙汁的甘甜。每天去学校前,家人总会为我精心冲泡一壶橙汁,我则背着它去学校慢慢品味。然而,有一次父母忙碌,我自告奋勇地冲泡了橙汁。按照家中的习惯,我挖了三大勺橙汁粉,倒入一壶水。但在扣盖之前,我心血来潮地又加了三大勺橙汁粉,期待这样能冲泡出更加美味的橙汁。然而,到了学校后我发现,自己冲泡的橙汁并没有预期的那样美味。

回家后清洗水壶时,我惊讶地发现壶底沉积了厚厚的橙汁粉。原来,一壶水能够溶解的橙汁粉是有限的,过量的粉只会沉淀在壶的底部,无

法完全溶解。这个简单的道理，在刷题时也同样适用。

刷题能够增强我们对知识的记忆，提高检索强度和存储强度，但并非无限制地刷题就能带来更好的效果。美国心理学家玛丽·皮克的实验也证实了这一点。在实验中，志愿者们在前几次测试中记忆强度迅速提升，但到了第六次之后，测试带来的记忆提升效果逐渐减弱，甚至几乎不再增加。这就像我在水中加入的过量橙汁粉，最终无法再溶解。

从脑科学的角度来看，测试能够加强知识点与周边知识的连接。通过刷题，我们不断巩固和强化这些连接。但当我们进入慢波睡眠时，大脑会对这些连接进行整体性的削弱，尤其是那些连接强度较大的部分。这意味着，如果我们连续不断地刷题，可能大部分努力都会变成无用功。

要让刷题变得高效，我们需要采取一些策略。首先，我们应该区分题目的类型，尽量避免连续刷同类型的题目，因为它们往往是从同一角度考查知识点。其次，我们要分辨题目的难度。对于一眼就能看出答案的题目，说明我们已经非常熟悉，此时再刷对记忆的巩固效果不大，所以可以跳过。最后，对于跳过的题目，我们可以在旁边标注下次的复习时间，建议将复习时间推迟一周，以最大限度地提高记忆效率。

只有这样，我们才能充分利用刷题的优势，加强和巩固对特定知识点的记忆，避免做无用功。

6.2.7 如何用好错题本

在期末的数学考试中，我披荆斩棘，最终迎来了压轴题。看到这道题时，我嘴角扬起了微笑，因为这道题目我曾做过，但那次我犯了一个错误，被老师严厉地批评了一番。那是我被老师批评得最严厉的一次，当时的我恨不得找个地缝钻进去。但这次，我下定决心，绝不能再犯同样的错误。

我迅速而自信地完成了这道题，并提交了试卷。然而，两天后，数学老师却将我叫到了办公室。在那里，我看到了自己的试卷，压轴题上赫然画着一个刺眼的叉。我愣住了，怎么可能错呢？老师默默地指了指题目中的第三步，示意我仔细看。我仔细一瞧，顿时恍然大悟，上次我就是在这一步出了错，而这次我又在同一个地方跌倒了。

老师看出了我的困惑，便问道："这道题，你把它记录在你的错题本上了吗？你有定期复习错题本吗？复习了多少次？你有没有真正地将错误的解题思路改正过来呢？"这一连串的问题像重锤一样击中了我，让我陷入了深深的思考。我到底哪里出了问题？

带着这些疑问，我迷迷糊糊地回到了教室，坐在自己的座位上。我翻出了错题本，费了很大的劲才找到这个题目。尽管我之前整理过这个错题，但并未多次复习。那一页纸平整如新，连一个折痕都没有。这应该就是问题的关键所在。我重新抄写了这个题目，并尝试再次解答。在写到第三步时，我惊觉自己又不自觉地走向了错误的方向。这时，我终于明白了，我的解题思路并没有彻底改正过来。

我仔细分析了之前出错的地方，并连续写了两次正确的解题步骤以确保理解。第二天，我重做了这道题。这次在第三步时，我特意停顿了一下，确保自己直接写出了正确的步骤。过了几天，当我重新遇到这道题时，我没有犹豫，直接写出了正确的解题步骤。

很多同学都有类似的经历：一个题目错了一次又一次，即使被老师批评多次，仍然会犯同样的错误。老师或家长可能会认为我们是故意的，但我们自己同样感到懊悔，为何在同一个问题上反复出错。

这种看似不可思议的事情背后，其实有必然的原因。当我们被批评时，情绪会处于强烈的波动状态，这时大脑会本能地认为现在是重要时刻，需要记住所有细节以避免再次出错。然而，这种本能在学习上却可能导致问题。在被批评时，我们的注意力往往集中在带来恐惧的事物上，如老师或家长的表情和言语，而忽略了导致被批评的错题本身。这导致大脑错误地记录了信息，而未能真正纠正错题。

即使我们整理了错题，问题也没有得到改善。因为大脑中同时存在新旧两个记忆，旧记忆是错误的理解，新记忆是正确的理解。两者共用一个线索，但由于错误的发现通常滞后，旧记忆往往根深蒂固，具有更强的检索强度。因此，在回想时，我们很容易回想起旧记忆而忽略新记忆。

为了解决这个问题，我们需要对新记忆进行额外的强化检索。通过反复做同类型的题目，我们可以提升新记忆的检索强度，削弱旧记忆的连接强度。因此，遇到错题时，我们不仅要整理错题本，还要合理使用它。

（1）遇到错题时，应及时将其整理到错题本中。整理的时间可以根据个人情况而定，可以是当天，也可以是第二天，但一定要在第二次出错前完成。

（2）错题的题干不一定需要手抄，我们可以采用拍照的方式，将题干打印出来并贴到错题本上，这样更加高效。

（3）解题步骤应该自己手写一遍，特别是要注意出错环节。我们可以将这部分标记出来，并明确区分错误和正确操作之间的区别。

（4）定期复习错题本。在复习时，我们需要重新做一遍题目，尤其是出错环节。通过不断巩固新记忆，我们可以避免再犯相同的错误。

第 7 章
睡觉巩固记忆

在许多人的传统观念里,睡觉和学习似乎总是相互对立的。一天仅有二十四小时,其中八九个小时需要用于睡眠,再加上吃饭、娱乐等其他日常活动,留给学习的时间似乎就所剩无几了。因此,很多人认为,要想学习成绩优秀,就必须牺牲睡眠时间,增加学习时间,这种观念甚至催生了"头悬梁,锥刺股"的极端故事,强调通过极度刻苦来学习。

然而,现代科学研究却揭示了截然相反的事实。睡眠实际上对于学习的巩固和记忆的形成至关重要。在睡眠过程中,大脑会对白天所学习的信息进行整理、巩固和强化,帮助我们将短期记忆转化为长期记忆。因此,充足的睡眠不仅不会阻碍学习,反而会使我们学得更好,记忆更深刻。

7.1 自由睡觉和强制睡觉

作为学生,我们面临着无尽的学习任务。为了吸收更多知识,我们可能会花费十几个小时上课、阅读、写作业。而当我们还想兼顾一些小爱好时,就不得不从本已紧张的时间表中再挤出一些时间。

在这种情况下,睡眠往往成为最容易被牺牲的部分。我们可能会发现自己每天的睡眠时间严重不足，可能只有短短几个小时。我们必须意识到，充足的睡眠对于身心健康以及学习效率都是至关重要的。

7.1.1 自由睡眠模式

　　清晨六点的钟声响起，我们不得不从梦乡中醒来，开始一天的早读。尽管老师强调这个时间段的记忆效果最佳，但睡意仍让我们有些不情愿。然而，我们还是强迫自己振作精神，投入背课文和单词的任务中。

　　上午的学习结束后，我们迎来了宝贵的午休时间。尽管这是休息的好时机，但我们却很少选择睡觉。相反，我们会利用这段时间做自己感兴趣的事情。有的同学会抓紧时间阅读从同学那里借来的漫画书，享受片刻的娱乐；有的同学则会约上几个朋友去操场上踢球，挥洒汗水直到上课铃声响起，才依依不舍地回到教室。

　　夜幕降临，晚餐过后，我们拿出练习册开始埋头做作业。在攻克一道道难题的过程中，我们完成了一科的作业，又投入下一科的挑战中。等到所有的作业都完成，时间已经悄然到了十一点。然而，我们的学习任务还未结束，还需复习当天所学的知识，并预习第二天的内容。当我们准备就寝时，可能已经是深夜了。

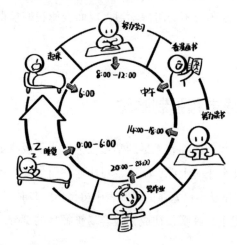

这样算下来，我们每天只有六七个小时的睡眠时间。这样的情况并非个例，我身边的同学大多如此。在上高中之前，我也是这样度过的。然而，自从开始住校后，我逐渐适应了一种"强制"的作息模式，这让我能够更好地管理自己的学习和休息时间。

7.1.2 强制睡眠模式

我上高中的时候，学校以严格的管理而闻名。学期的第一节课就是学习校规。班主任在讲台上讲得激情四溢，我们在下面听得心惊胆战。这所学校的规章制度繁多，恐怕连霍格沃茨的校规都难以与之相比。在一片迷茫中，我牢牢记住了第一条规定：早上六点，起床铃一响，必须起床。如果六点半还未离开宿舍，将面临被锁在宿舍楼内，以及全校通报批评的处罚。

第二天早上，我一听到起床铃声，立刻从床上跃起，匆忙洗漱后赶在限定时间内离开了宿舍。上早自习时，班主任脸色阴沉地走进教室，宣布了班里有人因提前起床而被学校通报批评的消息，理由是影响了其他人的休息。我惊愕不已，连早起这种看似积极的行为都会被禁止。

中午时分，教学楼开始清场，所有人都必须返回宿舍午休。到了一点钟，宿舍楼就会锁门，每个人都只能留在宿舍内。大家刚聚在一起准备开始一场轻松的卧谈会时，就听到楼道里传来敲门声和呵斥声："午睡时间，禁止聊天。"我们只得打消念头，躺在床上默默数羊。

晚自习结束后，已经是晚上10点了。这时，我们还得匆忙赶回宿舍，因为10点半就会停电并锁门。舍友为了赶学习进度，打着手电筒继续学习。然而没过多久，我们的宿舍门就被敲响了。政教处的老师在外面严厉地警告："禁止打手电筒学习，这次算是警告，下不为例！"舍友立刻缩进被窝，宿舍里恢复了寂静。

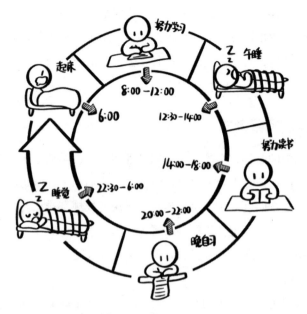

在这种看似"变态"的严格管理下,我们的睡眠时间可以得到保证。尽管同学们对此多有怨言,但我却意外地发现,我的记忆力有了显著的提升。以前需要反复背诵才能记住的内容,现在只需阅读几遍就能掌握得八九不离十。我曾一度觉得自己如有神助,记忆力超群。直到现在,我才明白,那个所谓的"神"其实就是充足的睡眠。正是宝贵的休息时间,让我在学习上游刃有余,记忆力也随之大增。

7.2 睡眠的作用

我们为什么要睡觉?这是一个看似简单却又复杂的问题。很多人首先会想到,不睡觉会犯困,所以睡觉是为了解困。然而,这只是睡眠作用的冰山一角。实际上,睡眠对学习的作用远超我们的想象,尤其是在记忆方面。

7.2.1 避免"酒驾"式记忆

饮酒后,人的反应会变得迟钝,难以迅速察觉到行人或其他障碍物,踩踏油门和刹车的灵敏度也会降低。同时,酒精还会影响判断能力和操作能力。然而,尽管酒驾现象已大为减少,但我们却常常陷入"酒后"学习的状态。

科学家们经过测算发现,连续清醒一个小时所带来的大脑损害相当于血液中增加了 0.004% 的酒精含量。如果连续 5 个小时不休息,我们的大脑状态就相当于摄入了半斤啤酒。而一旦超过 20 小时不睡觉,我们的精神状态将达到醉酒标准。这意味着,如果我们早上 6 点起床后,中午不休息继续工作或学习,实际上就相当于在"酒后"学习。而如果选择熬夜学习,那无疑是"酒驾"式学习。

导致这种"醉酒"效果的是一种名为腺苷的化学物质,它是人体新陈代谢的产物之一,也是促进睡眠的关键因素。当我们刚醒来时,腺苷的浓度最低,但随着时间的推移,腺苷的浓度会逐渐增加;当我们休息或睡眠时,腺苷的浓度又会逐渐降低。

高浓度的腺苷会抑制大脑神经元的活动，导致我们感到困倦和疲劳，这种表现与饮酒后的状态相似。然而，我们往往对此不以为然，因为即使感到有些困倦，我们仍能够完成大部分的日常活动，如正常行走、打球、与朋友聊天等。但这些都是表面现象，实际上，我们的注意力和反应能力已经下降。原本可以轻松投进的三分球，现在可能变得不那么顺利；原本擅长活跃气氛的我们，现在也可能只是听众。我们常常将这些归咎于手感不佳或兴致不高，但实际上，真正的原因是我们的大脑过于疲劳。

大脑的疲劳对学习的影响尤为显著，特别是在记忆方面。为了快速而牢固地记忆知识，我们需要在知识点之间建立各种联系。例如，在记忆勾股定理时，我们需要将"勾"对应较短的直角边，"股"对应较长的直角边，斜边则被称为弦。然而，在大脑疲劳的状态下，我们可能难以有效地建立这些联系，从而影响记忆效果。

7.2.2　误区：犯困了，就喝咖啡

在大学时期，每当期末临近，自习室总是灯火通明，同学们纷纷熬夜抱佛脚。然而，由于白天还有课程，这种作息模式很快让大多数人感到疲惫不堪。大多数人不到午夜，头脑就开始变得混沌，即使喝了咖啡也难以提神。然而，我的室友老三却是个例外，他能坚持到凌晨五点，回来休息两三个小时，然后精神抖擞地迎接第二天的课程。

我们曾怀疑老三在自习室偷偷补觉，但他的考试成绩却总是名列前茅，让我们不得不佩服。有一天，我借口和他一起去上自习，想要探究他的秘密。还没到十点，他就开始冲泡咖啡，并热情地邀请我一起品尝。我感到疑惑，因为这个时候我们并不困倦，但他却已经开始喝咖啡了。

我喝了老三的咖啡后继续复习，直到午夜十二点，我依然精神饱满。这时，老三又请我喝咖啡。我好奇地问他："你这咖啡怎么这么神奇？我平时喝咖啡根本不管用。"老三笑了笑，解释道："你可能是困了之后才喝咖啡的，但咖啡至少提前半个小时喝才能发挥效果。"原来这就

是老三的秘诀。

从那以后,每当需要熬夜复习时,我都会提前喝咖啡,这确实能让我多坚持几个小时。然而,我也发现喝咖啡并非万能的。在刷题和复习时,咖啡能显著提高我的注意力和效率;但遇到难题时,我还是得乖乖跳过,因为咖啡并不能解决知识上的困惑。

咖啡之所以能起到提神醒脑的作用,与大脑中的腺苷密切相关。咖啡含有一种叫作咖啡因的物质,当我们喝下咖啡后,咖啡因会进入大脑与腺苷展开竞争。在大脑中,每个神经元都有几个空位,被谁占据就能发挥相应的作用。如果腺苷占据这些空位,神经元就会被抑制,我们就会感到困倦;而如果咖啡因占据这些空位,腺苷被隔离,我们就能保持清醒。这就是咖啡提神的原理。

从我们喝下咖啡,到咖啡因真正进入大脑并开始发挥作用,这个过程通常至少需要 30 分钟。因此,为了确保咖啡能发挥最佳效果,我们需要提前饮用。一旦我们感到困意,这通常意味着腺苷已经占据了大脑神经元的大部分空位。此时再喝咖啡,咖啡因的效果将大打折扣,我们最好乖乖去休息,等待腺苷自然离开这些空位。

虽然咖啡能帮助我们保持注意力和协调手眼能力,避免困倦的侵袭,但它并非万能的。在学习过程中，横向思维是一项至关重要的能力，它使我们能够将不同的知识点相互关联，从而创造出新的理解和推论。例如，将勾股定理与等腰三角形的性质相结合，我们便能推导出等腰直角三角形的斜边长度与直角边长度的特定关系。但咖啡并不能直接促进这种横向思维，它只能帮助我们更好地吸收和巩固已有的知识。

此外，咖啡还有一些不可忽视的副作用。咖啡因具有利尿作用，可能导致我们在需要集中精力的场合（如考试）频繁上厕所，从而浪费宝贵的时间。长期过量饮用咖啡还可能对青少年的身体发育产生负面影响，特别是对身高的影响。更为严重的是，一次性摄入过多咖啡因可能导致中毒，出现恶心、呕吐、腹痛等症状，甚至可能引发呕血和便血。

因此，尽管咖啡能在一定程度上帮助我们提高学习效率，但并不能解决所有问题。当我们感到困倦时，最好的办法还是保证充足的睡眠，让大脑得到充分休息和恢复。在享受咖啡带来的片刻清醒时，我们也应该注意适量饮用，避免其潜在的副作用。

7.2.3　大脑内的大扫除

每到周末和假期，我们总会被父母的唠叨声包围："好好收拾一下你的房间，都快成猪窝了！"面对这样的提醒，我们总是以嬉笑和逃避来回应。但回到学校，大扫除则是我们无法逃避的任务。每天，我们都要轮流清扫教室，从扫地、摆放桌椅到擦黑板，每一项都必不可少。到了周四，更是要参与全校范围的大扫除。

如果我们一段时间不打扫，就会发现垃圾遍地，几乎寸步难行。据统计，每人每天会产生约1.2公斤的垃圾。以我所住的单元楼为例，大约有两百多人居住，到了晚上，楼前的四个大号垃圾桶便已满得无法再容纳更多的垃圾了。同样，对于我们的大脑来说，这个拥有860亿个神经元的复杂器官，也存在大扫除的问题。

大脑虽然只占我们体重的2%，但它却消耗了我们体内20%～25%

的能量。作为人体最耗能的器官之一，大脑不仅需要大量的营养物质和氧气来维持其正常运作，同时也会产生各种垃圾。这时，担负大脑清理工作的是脑脊液。脑脊液是一种主要由水构成的无色透明液体，它包裹着大脑，为大脑提供防冲撞的保护。因此，说"大脑进水"其实并不准确，因为大脑本身就是浸泡在脑脊液中的。

脑脊液清理大脑中的垃圾方式相当直接而有效，它通过不断清洗大脑来实现。科学家通过脑部扫描发现，血液会周期性地流出大脑的各个组织。在这个过程中，脑脊液会趁机涌入这些组织，清洗它们并带走各种垃圾。如果这些垃圾得不到及时清理，就会在大脑中堆积，干扰神经元的正常代谢过程，从而影响大脑的整体功能。

例如，当这些垃圾堆积在大脑的颞叶时，我们可能会出现听觉障碍或嗅觉障碍；当它们堆积在额叶时，我们则可能出现认知障碍。而当垃圾堆积达到一定程度时，甚至可能引发阿尔茨海默病，也就是我们通常所说的"老年痴呆"。

当我们保持清醒时，血液流动频繁，脑脊液便没有机会深入脑组织进行清洗。然而，当我们进入睡眠状态时，脑脊液便能高效地进行"洗脑"工作。睡眠大致可以分为以下五个阶段。

第一个阶段是入睡期，这个阶段我们昏昏欲睡，意识开始变得模糊。

第二个阶段是浅睡期，在这个阶段，我们失去意识，全身肌肉放松，但很容易被外界的声音或其他刺激唤醒。

第三个阶段和第四个阶段分别是熟睡期和深睡期。这两个阶段，我们的呼吸和心率都变得平稳，身体完全放松，很难被唤醒。此时，脑脊液的工作效率达到最高。

第五个阶段是快速眼动期，这个阶段我们的眼球会快速跳动，呼吸和心率变得不规则。此时，我们容易做梦，也容易被唤醒。

其中，第三个阶段和第四个阶段是脑脊液工作效率最高的阶段。因此，为了有效地清理大脑产生的垃圾，我们需要保证良好的睡眠质量，尤其是深度睡眠的时间。良好的睡眠习惯对于大脑的健康至关重要。

7.2.4 清理不重要的信息

在每次大扫除的时候，我们除了清理垃圾，还会进行精心的整理。在家里，我们玩乐高时，会组装出各种模型，不玩的时候，我们会选择将模型拆解并整齐地放回玩具箱中。只有那些我们特别珍爱的模型，才会被罩上玻璃罩，作为长久的珍藏。在学校，我们也会将桌椅摆放得井井有条；将墙上贴满的各种临时通知进行筛选，只保留最新的课程表和期末考试通知等关键信息。

这种日常的整理工作具有以下两大作用。

首先，通过舍弃过时、不重要的东西，我们能确保只保留最新、最重要的内容。例如，当数学课和语文课调换时，我们会毫不犹豫地撕下旧的课程表，换上新的。

其次，整理还能帮助我们节省资源。以乐高玩具为例，如果我们不将旧的模型拆解，就会发现配件总是捉襟见肘。即使我们不断购买新的配件，也难以满足新的需求。而通过拆解不需要的模型，我们可以回收足够多的配件，为新的创作提供材料。

大脑也存在类似的整理需求。大脑拥有超过 150 万亿多个突触，用于建立神经元连接。然而，尽管大脑的存储能力强大，但也难以保存我们一生所有的信息。同时，建立和维护这些神经元连接会消耗大量的营养物质。因此，从节能的角度出发，大脑需要舍弃无用的信息，只保留重要的信息。

大脑采用了一种简单而有效的方法来实现这一点——削弱所有神经元的连接，让重要的连接更加突出。虽然这种方法看似粗暴，但效果却十分显著。例如，我们上学路上的见闻是不重要的信息，假设其对应的神经元连接强度为 50；而上课听讲的知识点是重要的信息，假设其对应的神经元连接强度为 70。如果大脑将所有的神经元连接的强度都削弱 30 后，那么保存不重要的信息对应的神经元强度变为 20，而重要信息对应的神经元强度变为 40，重要信息的神经元强度变为不重要信息的两倍。

这种削弱主要发生在深度睡眠阶段，即睡眠的第三阶段和第四阶段。在这两个阶段中，大脑会发出缓慢的 δ 波，就像摇篮曲一样帮助神经元连接松弛一些，使记忆变得不那么牢固。因此，这两个阶段也被称为慢波睡眠阶段。慢波睡眠主要发生在晚上睡眠的前 5 个小时内，所以，为了充分利用这个整理的好机会，我们应该确保获得足够的深度睡眠，让大脑抹去不重要的信息，只保留最重要的信息。

7.2.5 自动巩固记忆

早自习时，班主任阴沉着脸走进教室，我预感到昨晚又发生了什么事情。果然，班主任在教室里转了一圈后，叫了几个女生去楼道谈话。我好奇地向女同桌打听情况，她叹了口气说："还是老问题，她们熬夜复习，这次差点把宿舍烧了。"

我震惊不已，没想到这次情况会如此严重。据说，学校到点就断电，她们自备手电筒和蜡烛进行学习。然而,昨天有人不慎点燃蜡烛,烧到了头发,慌乱中碰倒了蜡烛,点燃了被子。为了不被发现,她们试图通过隔绝空气来灭火,但由于操作不当,被子在被展开后冒出浓烟,呛得她们受不了,最终不得不打开门,导致整个楼道都充满了烧焦的烟味。

政教处的老师顺着烟味找到了她们的宿舍,并将此事通报给了班主任。班主任在训导完这些学生后回到教室,再次强调了休息的重要性,并警告大家不要晚上瞎折腾。然而,我深知这种警告可能难以奏效,因为这些女生对学习的热情似乎超过了对自身安全的关注。

如果我能回到那个时候,我会告诉她们:"你们真傻,其实睡觉就是最好的复习。睡得越好,复习的效果也越好。" 这句话听起来可能有些反常识,因为我们通常认为记忆的巩固主要发生在清醒的时候。然而,科学研究表明,记忆的巩固实际上主要是在睡眠期间进行的。

科学家通过小白鼠走迷宫的实验验证了这一点。他们首先给小白鼠的大脑装上电极,然后让小白鼠走迷宫。当小白鼠按照顺序走过迷宫中的各个点时,科学家通过电极记录下了这些点对应的大脑区域。当小白鼠离开迷宫后,科学家继续观察小白鼠的大脑活动。他们发现,在小白鼠睡眠时,尤其是慢波睡眠阶段,大脑会按照小白鼠走迷宫时的顺序依次激活相应的脑区。这表明,在睡眠中,大脑不仅在清理无用信息,还在强化有用信息。

科学家将这种现象称为"重播"。这种重播是高速的,通过测算发现,重播的速度是小白鼠实际走迷宫速度的7倍。因此,我们花费数小时进行复习的内容,在睡眠时大脑可能只需短短时间就能完成巩固。所以,保证充足的睡眠对于提高学习效果至关重要。

 这种快速重播现象主要发生在慢波睡眠中,此时我们处于无意识状态,因此很难觉察到这一过程,往往忽视了它的重要性。然而,大脑在慢波睡眠中会强化那些看似重要的记忆,即那些强度更大的神经元连接。为了充分利用这一机制,我们需要在睡前为大脑划定一个复习范围。

 以下是有效的睡前复习方法。

 (1)制作知识小卡片:在白天学习结束后,为每门课程制作一两张知识小卡片。例如,上完英语课,将新学的单词、语法要点抄写到卡片上;上完数学课,将新学的公式、概念也记录在卡片上。

 (2)储备睡前复习的精力:确保在睡前我们拥有一定的精力来进行复习。如果此时已经精疲力尽,大脑疲惫不堪,那么复习的效果将会大打折扣。

 (3)睡前快速复习:在睡觉前,拿出白天准备好的小卡片,快速浏览一遍,并回想老师当时的讲解。如果遇到想不起来的知识点,用笔在卡片上做个标记,以便第二天进一步巩固。在此过程中,要避免查找书籍或资料,以免使精神过于兴奋而难以入睡。

 (4)安心入睡:复习完成后,将卡片放下,安心入睡。此时,大脑将按照我们划定的范围进行高效的复习和巩固。

 整个复习过程只需花费大约 10 分钟的时间,就能让与这些知识相关的神经元连接再次激活,并获得更高的强度。当进入慢波睡眠阶段时,虽然所有神经元的连接强度都会被弱化,但我们之前复习过的那些神经元连接强度反而会更加突出,从而被大脑视为重要的记忆进行巩固。这样,我们就能在睡眠中加强记忆,提高学习效果。

7.2.6　睡觉时的我们更聪明

在求学的岁月里,我遇到了一位与众不同的数学老师,同学们戏称他为"三板斧"老师。每当我们在课堂上遇到难题向他提问时,他从不直接给出答案,而是采用他独特的"三板斧"教学法。

第一板斧,他会让我们翻开课本,找到他指定的某一页的某一段落,并仔细阅读。他相信,课本中的基础知识是解决一切问题的基石。如果我们在阅读之后仍然感到困惑,他就会使用第二板斧——引导我们回顾他之前讲过的某个例题。他相信,通过实例的学习,我们能够更好地理解并掌握知识。

然而,如果这两板斧都不奏效,他就会微笑着给出最后一招——第三板斧,他会告诉我们:"回去好好睡一觉吧。"他相信,有时候大脑在放松和休息的状态下,能够更好地整理和消化所学的知识,从而找到解决问题的灵感。

遇到这样的老师,我们初时虽有些无奈,但鉴于他是学校中备受赞

誉的优秀教师，我们只得调整心态，努力适应。在多次向他请教问题后，我惊讶地发现，这位老师确实厉害。对于简单的疑问，头两板斧就能搞定；对于复杂的问题，即便在课本和例题中找不到答案，在休息后，也可以得到解决。更为奇特的是，我曾有几次在梦中似乎受到了启发，找到了之前苦思不解的问题的答案。原来，睡眠有时也能成为解决问题的奇妙钥匙。

随着阅读量的增加，我了解到许多名人都曾通过睡眠的方式解决了自己的难题。例如，化学家门捷列夫在长达20多年的研究中，对各个化学元素之间的关系感到困惑。有一天，他疲惫不堪，趴在桌子上小憩。在睡梦中，他看到了一些奇形怪状的符号在空中飘荡，这些符号似乎与元素符号有着千丝万缕的联系。突然，这些符号开始聚拢、自动排列，并进入了六十四个门中。门捷列夫醒来后，立刻按照梦中的景象绘制出了震惊世界的化学元素周期表。

类似的故事还发生在其他名人身上。德国化学家凯库勒在睡梦中发现了苯的结构；达·芬奇在睡梦中找到了突破机器设计瓶颈的方法；爱因斯坦在睡梦中获得了相对论的启示。这些故事虽然听起来神奇，但确实展现了睡眠在解决问题中的独特作用。

睡觉之所以能解决问题，其奥秘在于睡眠的第五个阶段——快速眼动期。在这个阶段，大脑会将新的记忆与旧的记忆进行关联对比，从而发现其中的规律。例如，在学习英语单词 "classroom"（教室）时，大脑可能会在快速眼动睡眠中将它与 "bathroom"（浴室）、"bedroom"（卧室）等以 "room" 结尾的单词进行关联，总结出这些单词的共同特点。

快速眼动期之所以具有这样的功能，是因为在这个阶段大脑会分泌出一种名为乙酰胆碱的物质。这种物质能够加强神经元的连接，促进记忆的形成。因此，在快速眼动睡眠阶段，我们的大脑实际上变得更加聪明和灵活。

前面提到的数学老师的"第三板斧"——好好睡一觉，正是基于这一原理。前两板斧让我们理解知识点本身的概念和应用,而第三板斧则让我们在睡眠中进一步巩固和深化这些知识点。在快速眼动期,大脑能够将知识点与过往的记忆进行连接和对比,从而发现解题的规律。因此,当我们醒来时,问题往往已经迎刃而解。

为了充分利用快速眼动期的优势来解决问题,我们可以遵循以下几个小技巧。

(1) 为了提高记忆效率,我们可以尝试将知识点的相关信息整合在一起进行记忆。例如,对于数学公式,我们应首先回顾其基本概念,接着深入理解其推导过程,并最后通过解决一道应用题目来巩固所学。同样地,对于英语单词的记忆,我们可以将发音、拼写、词义以及例句结合在一起进行学习和记忆。

(2) 当知识点有多种应用形式时,我们应确保一次性完成多个类似的题目练习。例如,在处理水池问题时,我们可能会遇到不同的情境,如一根进水管和一个出水管,或者一根进水管和两根出水管等。仅仅解决一个题目可能无法让我们全面理解并总结出通用的解题规律,因此,我们需要多做几个类似的题目来加深理解。

(3) 为了确保大脑得到充分的休息,我们应保证每次睡眠的时间至少达到 90 分钟。快速眼动期通常位于一个睡眠周期的最后阶段,而一个完整的睡眠周期为 90 分钟。如果睡眠时间过短,大脑可能无法进入快速眼动期,这会影响我们的记忆和学习能力。因此,如果不是在晚上进行睡眠,我们也应确保每次的睡眠时间不少于 90 分钟。

7.3 如何睡个好觉

睡觉对于我们的身心健康至关重要,但很多同学却常常面临睡眠问题。即使睡足了时间,醒来后仍然感到精神不振。这时候,合理安排睡眠时间和掌握一些睡觉小技巧就显得尤为重要。

7.3.1 晚上睡个好觉

晚上是睡眠的主要时段，也是我们最容易保证大块睡眠时间的时段。只有晚上睡眠质量高，白天才能保持一个良好的状态。如果晚上睡不好，即使白天再怎么补觉，大脑仍然会感觉混沌不清。因此，我们首先需要保证晚上的睡眠质量。

1. 确定床的作用

当我们进入教室时，会自然地走向自己的座位准备上课；进入体育馆时，会自然地走向乒乓球台准备打球；进入餐厅时，会自然地走向窗口购买美食。这些都是因为环境给了我们明确的心理暗示，告诉我们应该做什么。然而，当我们看到床时，很多人却并没有将床与睡眠紧密联系起来。

我们可能会在床上做一些与睡眠无关的事情，比如看书、玩手机、听音乐等。其中，大部分的选择都需要大脑保持清醒的状态，这往往会导致一种有趣的现象。我们坐在桌子前时可能会感到困倦，但躺在床上，却突然变得毫无睡意，需要辗转反侧好一阵子才能入睡。这种身体反应的错误模式往往导致我们的睡眠时间严重不足。

为了解决这个问题，我们需要明确床的唯一功能——那就是睡觉。

因此，我们应该将睡觉之外的所有活动都与床分离开来。比如阅读时应该坐在书桌前，玩手机时应选择沙发或其他地方，放松听歌时也可以躺在沙发上，但唯独不要在床上进行这些活动。一旦养成了习惯后，床就会成为我们睡觉的心理暗示，让我们一躺下就能迅速进入睡眠状态。

2. 调整光线以优化睡眠

在高一的时候，我有一位同学因家离学校较近而跑校，她上课时总是显得疲惫不堪，学习成绩也因此受到影响。然而，到了高二，当学校要求统一住校后，她的成绩却有了显著的提升。当老师询问她其中的秘诀时，她简单地回答："在学校我睡得好。"

原来，她从小就怕黑，晚上必须开着灯才能入睡，但这样的习惯严重影响了她的睡眠质量。刚开始住校时，在关灯休息后，她就会感到害怕。但随着时间的推移，她发现听着同学们的呼吸声，仿佛有了陪伴，内心的恐惧逐渐消散，她也因此能够更快地入睡，并且睡得特别安稳。由于晚上睡眠质量得到了提升，她白天精神焕发，学习自然更加得心应手。

这个例子生动地展示了光线对睡眠的重要影响。在人类漫长的进化过程中，我们形成了"日出而作，日落而息"的生物钟。太阳升起时，我们出门劳作；太阳落下时，我们回归休息。这也被称为睡眠的昼夜节律。然而，随着电灯的发明，夜间活动成了可能，但我们的大脑仍然会根据光线来调整睡眠状态。

在所有的光线中，蓝光对睡眠的影响尤为显著。它会抑制褪黑素的分泌，褪黑素是一种促进睡眠的激素。我们家中的电视机、手机、电脑显示器等电子设备都会发出蓝光。因此，在睡觉前，我们应尽量避免被这些设备发出的蓝光照射，以帮助大脑更快地进入睡眠状态。

为了创造一个有利于睡眠的环境，我们可以采取以下措施。

（1）卧室内不摆放那些始终亮屏的设备，如闹钟。

（2）使用不透明的胶带或贴纸遮挡电器的指示灯，避免光线干扰。

（3）使用较厚的窗帘或遮光窗帘来隔绝窗外的光线。

（4）夜间需要看时间时，可以佩戴一触摸就亮屏的简易手环，避免开启大灯或使用手机。

如果以上措施难以实现，我们还可以选择佩戴眼罩来隔绝所有光线。这样，我们就能更好地享受高质量的睡眠，迎接充满活力的一天。

3. 减少噪声干扰

我们对声音具有极高的敏感性，任何响亮、突然或不悦耳的声音都可能会打破我们宁静的睡眠。这种敏感性其实源于人类的进化本能。在远古时代，我们必须在睡眠中也保持警惕，以防范猛兽的偷袭。因此，任何异常的声音都可能使我们瞬间惊醒，以确认是否存在潜在的危险。

为了获得高质量的睡眠，确保卧室的安静至关重要。我们可以采取多种措施来实现这一点。例如，选择隔音效果好的棉布窗帘来替代普通的窗帘；在入睡前将窗户关闭，隔绝外界的噪声；避免使用滴答作响的钟表，以减少室内的噪声。对于无法避免的屋外噪声，我们可以使用音箱播放粉红噪声来掩盖这些声音，粉红噪声能够帮助我们放松并更容易入睡。此外，佩戴耳塞也是一种有效的隔音方法，可以帮助我们隔绝外界声音，获得更加宁静的睡眠环境。

4. 合理饮食以促进睡眠

学校的饭菜不尽如人意，让我们总是期盼着回家后能大吃一顿，用美食来弥补。烤鸡翅、煎牛排、油焖大虾，每一道都是我们的心头好。然而，虽然嘴巴得到了满足，肚子却因此变得沉甸甸的。到了深夜十一点，尽管身体疲惫，我们却辗转反侧，难以入眠。

经过数小时的奋战，我们终于完成了今天的作业，本以为可以安心入睡。然而，在犒劳自己时喝下的饮料，却意外地剥夺了我们仅有的睡意。

问题究竟出在哪里呢？其实，问题在于食物和饮料中的成分。它们含有的各种营养和物质会让大脑变得活跃。比如当身体摄入大量葡萄糖时，大脑就会活跃起来。此外，吃东西时的咀嚼动作本身也会刺激大脑，使其保持兴奋状态。更重要的是，许多饮料中含有咖啡因，这种物质会让我们的大脑更加清醒。

为了获得更好的睡眠，我们在饮食上应注意以下几点。

（1）晚餐应在睡前三小时前完成，避免食物过晚消化影响睡眠。

（2）睡前避免食用含有巧克力的食物，因为巧克力中的咖啡因和可可碱会刺激大脑。

（3）睡前不饮用咖啡、茶、可乐、奶茶等含咖啡因的饮料，以免导致失眠。

（4）避免高糖饮料，因为糖分摄入过多也会影响睡眠质量。

（5）睡前不要吃油腻或辛辣的食物，这些食物不仅难以消化，而且调味品中的某些成分可能刺激大脑，导致失眠。

7.3.2 误区：即使熬夜也要完成作业

今日事，今日毕。这个原则被许多同学奉为圭臬。对于今天的作业，我们应当坚决做到今日完成。即使感到疲惫不堪，我们也应坚持先完成作业。若实在困倦难耐，我们可能会选择喝咖啡提神。然而，这种做法虽然看似精神可嘉，但效果往往不尽如人意。第二天早上，我们往往成为起床的"困难户"，即使勉强爬起，头脑也不如往常灵活。

看似我们按时完成了作业，巩固了当天的学习成果，但实际上这种做法是有害的。首先，在大脑极度疲惫的状态下继续学习，不仅无法巩固记忆，反而可能破坏已有的记忆。其次，熬夜两个小时，将会影响大脑第二天的正常运转。最后，由于第二天的学习效率低下，很可能导致作业积累，难以按时完成。因此，熬夜做作业绝对不是一个明智的选择。

如果遇到时间紧迫，无法按时完成作业的情况，我们可以采取以下策略。

（1）根据作业的时间紧急性来区分优先级。先完成第二天上午要交的作业，对于下午要交的作业，我们可以利用第二天上午的课间时间和午休时间来完成。

（2）对于特别费时间且质量要求不高的作业，如抄写生字二十遍、课文五遍等，我们可以和父母沟通，让他们与老师协商，看看是否可以暂时减免这些作业量。

（3）对于难度较大但不需要花费太多时间的作业，可以留到早上醒来后再完成。这类题目往往需要深入思考和解题技巧，一旦有了思路，作答就不会花费太多时间。如果大脑已经疲惫，可以先浏览题目，然后休息。大脑在休息时也会进行潜意识的思考，等到第二天早上，我们可能已经有了清晰的解题思路，可以迅速完成作业。

（4）总结经验，重新规划时间。如果晚上经常无法完成作业，我们需要考虑调整时间管理策略，将部分作业分散到白天完成。例如，可以利用课间完成一些抄写作业，或者将作业拆分成小任务，利用零碎时间逐步完成。

7.3.3 中午补个小觉

小学中午通常在 11 点 30 分放学，下午 2 点 30 分再开始上课，中间有三小时的休息时间。初中通常在中午 11 点 50 分放学，下午 2 点 30 分上课，有两个多小时的空闲时间。除去吃饭和通勤的时间，我们还剩下一个多小时的时间。尽管许多人睡眠不足，但他们还是选择不午睡。

不午睡的原因多种多样。有时，我们中午并不感到困倦，所以没有午睡的意愿；有时，上午的作业未完成，我们想利用中午的空闲时间来完成，以避免晚上作业过多造成的压力；有时，我们渴望利用这难得的白天时间与同学外出玩耍，因为晚上父母可能不允许我们外出玩耍；还有时，我们担心中午睡觉质量不佳，反而会导致下午难受。

多年来，父母一直劝我午睡，但我始终未能养成这个习惯。即使下午因为犯困被老师批评，我仍然没有改变。直到上了高中，我开始住校生活，才逐渐养成了午睡的习惯。这时，我才深刻体会到午睡的好处。

首先，午睡能够补足我们每天的睡眠时间。按照教育部发布的通知，小学生应每天睡够10个小时,初中生应每天睡够9个小时,高中生则每天应睡够8个小时。然而,由于各种原因,我们晚上的睡眠时间往往难以达标。因此,中午的午睡就显得尤为重要,它能够帮助我们补充不足的睡眠,使身心得到充分的发育。

其次,午睡能够让我们摆脱"酒驾"式的学习状态。早上六七点起床后,到中午我们已经清醒了5个小时。此时,大脑的状态与喝了半斤啤酒后的状态相似,变得迷迷糊糊。如果我们不利用中午的时间休息,下午的学习效率就会大打折扣。因此,午睡是一次重要的精力恢复机会。

最后,午睡有助于记忆的巩固和强化。经过一上午的学习,我们的大脑中积累了大量的新知识。这时,大脑需要一次充分的休息来进行记忆的清理、强化和总结。

我们应该充分利用中午的时间,进行一个60～90分钟的睡眠,以让大脑重新恢复活力。许多人在午睡后情绪不佳,往往是因为从深度睡眠中被唤醒。要避免这种情况,我们可以尝试在浅睡眠阶段醒来,这样感觉会更加舒适。

由于每个人的睡眠周期都存在差异,我们需要找到适合自己的午睡时间点。一般来说，从开始入睡算起，经过 15 分钟到 30 分钟，我们会进入深度睡眠阶段。因此，为了避免在深度睡眠时被唤醒，我们可以设定一个比自己期望的午睡时间稍短的闹钟。

此外，为了更准确地掌握自己的睡眠周期，我们可以尝试记录自己的午睡时间和醒来后的感觉。通过不断尝试和调整，我们可以找到最适合自己的午睡时间，并设置相应的闹钟来提醒自己。

7.3.4 傍晚来个小憩

小周同学现在已经五年级了，每天的课程让他感到十分疲惫。放学后，面对堆积如山的作业，他常常感到力不从心，头脑发木。因此，他常常忍不住溜出去找其他小伙伴玩耍，直到晚上八点多才回家。然而，回家吃完饭后，当他开始写作业时，已经是九点半多了。由于时间紧迫，他只能不情愿地继续写着，直到深夜十二点多才能完成。

小周的父母对他的学习状态非常担忧，于是采取了严厉的措施。他们规定，小周必须写完作业才能出去玩。这使得小周只能孤单地坐在书桌旁，羡慕着窗外那些玩耍的孩子们，心里充满了无奈和疲惫。有时，他甚至因为过于困倦而趴在桌子上睡着了。

然而，当他一觉醒来后，虽然胳膊被压得有些麻木，但他却发现自己的大脑似乎变得灵光起来。他重新拿起练习册，开始写作业。这时，他惊奇地发现，作业似乎变得不再那么困难了。他的思路变得清晰起来，解题也变得更加迅速。这种感觉让小周觉得非常舒适和高效，他很快就完成了大部分作业。

原本要拖到深夜 12 点才能完成的作业，现在小周不到 9 点就能高效完成。他惊喜地发现，这个小憩的习惯给他带来了极大的帮助。从此，小周养成了每天回家先睡一小觉，然后再写作业的习惯。

在心理学上，这种 15～30 分钟的小睡被称为小憩。虽然这么短的时间大脑很难进入深度睡眠，无法直接对记忆进行巩固，但小憩却能让大脑得到一个充分的休息，重新恢复活力。小憩后，在写作业时大脑能对各种知识点进行深度加工，形成更强的记忆痕迹。

因此，小憩也是一种促进记忆的好方式。为了充分利用小憩这种睡眠方式，我们需要注意以下几个问题。

（1）选择一个固定的小憩时间，并养成习惯。通常，建议将小憩时间放在晚上回家之后，写作业之前。这是因为经过一个下午的学习，大脑已经比较疲惫，需要一个恢复精力的机会。

（2）控制小憩的时间。小憩的时间不宜过长，应控制在 15～30 分钟之间。如果时间太长，可能会导致晚上入睡变得困难，影响晚间的睡眠质量。

（3）注意睡觉环境。小憩的环境不宜过于舒适，可以选择趴在桌子上或靠在沙发上。如果选择躺在床上或沙发上，可能会因为过于舒适而睡过头。

（4）醒来后活动一下。在醒来后，建议先从椅子上站起来，打开灯，然后活动一下身体，舒展一下筋骨。这样可以给大脑一个明确的"起床"信号，帮助我们快速进入学习状态，避免精神恍惚和无法集中注意力的情况。

通过遵循以上建议，我们可以更好地利用小憩这种睡眠方式，提高学习效率，巩固记忆。

第 8 章 考试与记忆

在学习过程中，考试是检验知识掌握程度的重要环节。为了在考试中取得更好的成绩，我们需要在备考和考试过程中运用一些有效的记忆技巧和注意事项。

8.1 备考环节

备考是一个相对漫长的过程，需要我们有针对性地复习，以确保复习效率。以下是一些备考环节的技巧。

8.1.1 针对题型复习

功课学得好，就一定能拿高分吗？答案并非绝对。以初中女生小韩为例，她自小便热爱英文阅读，对《哈利波特》系列更是情有独钟。早在五年级时，她便能独立阅读该系列的英文版，到了初一，更是完成了全七部的阅读。然而，拥有如此大的阅读量，小韩在第一次初中英语考试中却仅取得了 80 分的成绩，这让她和父母都感到意外。

通过分析试卷，发现小韩在单词拼写上存在大量失分。尽管她对单词背后的故事和起源了如指掌，比如知道"January"来源于罗马神话中的两面神雅努斯（Janus），但由于对拼写不够熟练，她在这一环节上丢分严重。这突显了学习方式与考试题型不匹配的问题。

美国心理学家拉里·雅各比进行过一个实验，以探究不同考查方式对记忆成效的影响。他召集了一组学生，并将其分为两部分，让他们背诵相同的单词集。第一组学生采用大声朗读的方式记忆单词，而第二组学生则运用联想反义词的方法进行记忆。随后，拉里·雅各比通过两种方式来测试他们的记忆效果：一是直接提问，让学生回忆并说出记住的单词；二是完形填空，即给出单词的部分字母，要求学生补全缺失的部分。

从记忆编码的角度来看，大声朗读通常被视为一种较为浅层的加工方式，其记忆效果可能不如深度加工；而联想反义词则是一种深度加工的方法，理论上应该带来更好的记忆效果。然而，实验结果却与我们的预期相悖。在直接提问的测试中，采用联想反义词方法的第二组学生确实表现更佳；但在完形填空的测试中，反而是使用大声朗读的第一组学生取得了更好的成绩。

这种现象可以解释为：第一组学生在朗读时，大脑更侧重于视觉感知层面的加工，这有助于形成对单词外形的深刻记忆，因此在完形填空中表现出色；而第二组学生虽然通过联想反义词进行了深度加工，形成了对单词语义层面的深入理解，但这种理解在完形填空的测试中并未得到充分展示。

小韩在单词拼写上的失分情况，与这个实验的结果有异曲同工之处。她在单词学习上付出了很多努力，但由于考试主要考查的是拼写能力，而非她所擅长的单词背后的故事和起源，因此她的努力在考试中并未得到充分体现。这就像是一个人每天跑步锻炼，虽然同时锻炼了腿部和上肢的肌肉，但如果在比赛中只考察上肢力量，那么他的下肢锻炼成果就无法得到展现。

因此，为了取得好成绩，在考前复习时了解考试题型至关重要。我们可以通过以下几种途径来获取考试题型信息。

（1）主动询问老师。对于学校内部组织的考试，出题人往往是授课老师，他们通常愿意分享关于考试题型的信息。

（2）收集历年真题。对于跨校的大型考试，分析历年真题可以帮助我们预测即将到来的考试的题型。通常，老师也会收集并分享这些真题。

（3）拓展题型视野。由于重大考试每年都可能发生一些变化，为了应对这种不确定性，我们需要扩展视野，了解并熟悉一些不常见的题型。

在了解了考试题型后，我们就可以在复习阶段有针对性地进行强化。例如，如果考试中阅读题较多，我们就应该加强语义方面的积累；如果解答题较多，我们就需要深入了解相关知识点的背景信息。

8.1.2 把复习当作考试

上高中的时候，我有一位特别的同桌小李，他是我们班里的考试小能手。虽然平时他的学习表现并不突出，甚至常常无法按时完成作业，但每当考试时，他总是能出人意料地跻身前五名。起初，大家都以为他只是运气爆棚，但随着时间的推移，他一次又一次地证明了自己的实力。这也引起了部分同学的猜疑，甚至有人向老师打小报告，怀疑他考试作弊。

然而，经过几次考试的严密监控，老师并未发现小李有任何不当行为，反而他的成绩越发稳定且出色。这让老师也不禁感到好奇，在一次课堂上，老师当众询问小李是如何做到的。小李的回答简洁而深刻："把复习当作考试。"

起初，大家对这个答案感到莫名其妙，但细细品味后，我逐渐领悟了其中的奥妙。我发现，每当考试前进行复习时，小李就像变了一个人。平时他总是懒洋洋地坐在座位上，东张西望，但一旦开始复习，他就会端正坐姿，表情严肃，仿佛进入了一种特殊的备考状态。他看书、做题时都会掐着表，仿佛在和时间赛跑。

现在回想起来，小李其实是在应用一个心理学上的记忆技巧——情绪状态依赖。这个技巧指的是当我们在学习或记忆某些信息时，所处的情绪状态会在很大程度上影响我们的记忆效果。如果在复习时能够模拟考试时的紧张情绪状态，那么在真正考试时，我们的大脑就能更快地进入那种状态，从而提高答题效率和准确性。

小李正是通过这种方法，在复习时营造了一种类似考试的紧张氛围，使得自己能够在考试时迅速适应并发挥出最佳水平。他的这种独特的学习方法不仅让他在学业上取得了成功，也为我们提供了一个宝贵的启示：在学习的过程中，我们应该注重模拟实际场景中的情绪状态，以提高自己的学习效果和应对能力。

加拿大心理学家埃里克·艾奇进行了一项深入研究，探讨了心情状态对记忆的影响。他的实验结果表明，当记忆时的心情与回想时的心情保持一致时，个体能够回忆起将近40%的额外内容，相较于两者不一致的情况。具体而言，如果在记忆过程中我们处于放松愉悦的心情状态，并在回想时保持同样的心情，我们将能够回忆起更多的内容。相反，如果回想时的心情变得紧张或低落，我们能回想起的内容就会相应减少。

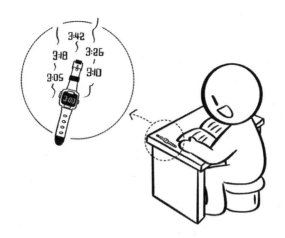

同样地，即使记忆时的心情是紧张或低落的，只要我们在回想时能够保持相同的心情状态，也能提高记忆的召回率。小李就是一个很好的例子，他选择将复习视为考试，使自己在复习过程中始终保持紧张的心态，与考试时的状态保持一致。这种方法帮助他更好地回忆起复习的内容，从而在考试中脱颖而出。相比之下，其他同学在复习时较为轻松，但考试时却感到紧张，由于心情的不一致，他们能够回忆起来的内容就相对较少。因此，小李每次都能以中等生的身份跻身前五名。

为了提高复习效率，我们可以借鉴小李的方法，利用记忆对情绪状态的依赖性。我们可以将复习视为考试，模拟考试环境来复习。例如，在复习笔记和课本时，我们可以端坐在桌前，保持专注；在刷题时，我们可以将练习册当作考试卷子，设定一个完成时间，并严格按照时间限制来完成。这样做不仅可以帮助我们适应考试的感觉，还能确保复习和考试的心情状态保持一致，从而提高复习效果。

8.1.3 选择接近考试的环境

在大学的一次卧谈会上，宿舍的同学们聊起了各自的高考经历。宿舍的老大哥带着一丝淡淡的忧伤说，他不得不在外县参加高考，因为上一届多人作弊被发现,导致他们县被取消了设立考场的资格。他们只能乘坐大巴车,前往临县参加考试。结果,那一届的同学普遍考得不太好,因为大家对新的考试环境感到陌生和发怵。

宿舍的小老弟则显得幸运得多,他不仅在本县、本校参加高考,而且他的考场竟然就是平时上课的教室。面对熟悉的环境,他感到格外亲切,考试就像在进行模拟考试一样。最终,他在高考中取得了自己的最好成绩。

小老弟能考出最佳成绩,除了心情好,更重要的是熟悉的环境促进了记忆的回想。我们的记忆确实高度依赖环境。在记忆形成时,我们会将周边环境和目标信息一同记录下来。当回想时,如果所处的环境与记忆时的环境一致,将有助于记忆的提取。

如果环境不一致,回忆就会变得困难。举个例子,初中时我和同学去看电影,刚坐下一会儿,同学指着前两排的一个中年男子的背影说:"你看那人像不像我们班主任?"我顺着他指的方向看去,觉得那人很眼熟,但就是想不起是谁。同学着急地说:"你瞎啊,那是班主任!"经过这提醒,我才想起来。如果是在学校,即使离着100米,我都能从背影认出班主任。但在电影院,只隔了不到十米,我却没能认出来。

环境对我们回忆的影响非常普遍。在日常生活中,偶尔想不起来并不会造成严重后果。但在考试中,如果因为环境变化而影响回忆,问题就严重了,尤其是在升学考试、各类竞赛等关键考试时。为了避免这种情况,我们可以采取以下措施。

1. 模拟环境

不是每个人都有机会在熟悉的教室中学习和参加考试的。为了熟悉考场环境,我们可以模拟考场搭建类似的环境。在家学习时,可以用学校用的桌子替换家里的书桌,把与考试无关的东西移开,保持桌面的整洁。同时,也可以去自习室或图书馆学习,模拟多人在一起的感觉。在考场上,虽然周围会有一定的声响和干扰,但我们必须学会适应这种环境,因此在家学习时也可以适当加入一些干扰因素,如播放一些白噪声或轻微的背景音乐。

2. 在多种环境学习

很多时候，我们并不知道真正的考场会是什么样子。为了应对这种情况，我们可以在不同的环境中交替学习。例如，在家里、学校教室、图书馆、自习室等地轮流学习。美国心理学家史蒂文·史密斯（Steven Smith）的实验发现，在多个房间中学习的学生考试成绩比在一个房间学习的学生考试成绩提高了30%。这是因为在多种环境下学习可以让我们的记忆不再过分依赖某个特定的环境，从而在考试时不会因为环境的不一致而影响回忆和发挥。

8.2 考试环节

一到考试，一切都似乎变得不同寻常。原本熟悉的教室，一旦被称为"考场"，便显得陌生而庄严。题目虽然是日常练习的内容，但贴上"考题"的标签，便仿佛布满了陷阱。这些感知上的微妙变化，常常使我们的思维变得迟缓，难以发挥出最佳水平。面对这种情况，我们该如何应对呢？

8.2.1 处理紧张情绪

每当提及考试，不少人的手心会开始冒汗，心跳加速，口干舌燥。走进考场，面对监考老师，手握考卷，紧张感更是达到顶峰。尤其是当试卷上恰好出现未复习到的知识点时，内心的恐慌和沮丧更是难以言表。这种紧张情绪，不仅源于对成绩的期望，更是因为担心他人的评价。但紧张情绪往往会破坏我们的考试状态，如心跳过快导致记忆回忆率下降；注意力范围缩小而忽略重要信息；过度关注考试结果而非题目本身等。因此，要取得好成绩，首要任务是处理这种紧张情绪。

1. 嚼口香糖

在篮球比赛的暂停期间，球员们常通过嚼口香糖来放松紧张情绪。咀嚼动作能够刺激大脑，加快信息编码速度，为大脑提供更多能量。土耳其心理学家通过实验发现，嚼口香糖能有效减轻压力、焦虑和抑郁，并提升考试成绩。因此，在考试时，我们可以尝试以下方法来利用口香糖缓解紧张。

（1）在考前复习阶段，如果感到紧张，可以每天嚼口香糖半小时以上。

（2）进入考场前，如果紧张感加剧，可以先停下来嚼一块口香糖。

（3）如果考场规定不允许携带口香糖，可以在进入考场前含一块口香糖。

但请注意，如果已经处于兴奋状态，应避免嚼口香糖，以免过度兴奋影响注意力。

2. 腹部呼吸

情绪与身体反应紧密相连。当我们感到紧张时，呼吸会变得急促而沉重。反过来，调整呼吸也能帮助我们平复情绪。在考场上，如果感到紧张，可以尝试进行腹部呼吸来放松身心。

（1）先放下笔，闭上眼睛，感受自己的呼吸节奏。

（2）慢慢吸气，让腹部逐渐隆起。

（3）接着慢慢呼气，让腹部逐渐收缩。

通过关注呼吸，我们可以减少外界环境的干扰，如考场氛围、监考老师的表情和考题的压力。同时，将注意力转移到呼吸上，有助于降低心跳速度，使身体逐渐放松。

3. 短暂离开考场

当紧张情绪达到无法控制的地步时，最直接的方式是暂时离开考场。向老师申请上厕所不仅能转移注意力，还能让我们暂时脱离紧张的环境。在离开考场的路上，我们可以放慢脚步，欣赏窗外的风景，让紧绷的神经得到放松。如果条件允许，还可以在卫生间洗手、整理衣服，逐渐恢复日常状态。但在返回考场的途中，要控制步伐，避免剧烈活动导致心跳加速而再次引发紧张情绪。

8.2.2　应对长题干

考试的题目长度不断增加，已成为教育领域的一个显著现象。据统计，高考语文试卷的字数从约 7000 字增加到现在的约 9000 字，并且这种增长趋势仍在继续。更令人惊讶的是，这种字数增长不仅仅局限于文科类科目，理科类科目中的题目字数也在增加。比如，2023 年的理科综合试卷中，部分题目的题干字数直接超过 150 字，整个题目（包括题干和提问）的字数更是超过 500 字。

面对如此大量的文字，许多学生感到压力巨大，尤其是那些阅读能力稍弱的学生。他们往往需要反复阅读多次，才能记住题目中的关键信息，从而进行答题。这种情况常常导致他们在考试结束前还未能完成试卷的阅读。

针对这个问题，老师们给出了不同的建议。有的老师认为，面对阅读理解题，应该先读题再看文章，以便更好地抓住文章的主旨和关键信息。然而，也有老师反对这种做法，担心这会影响学生的阅读质量，导致他们被问题带偏。

那么，从记忆的角度来看，哪种说法更正确呢？美国心理学家马修·麦克鲁登（Matthew McCrudden）的实验为我们提供了答案。他召集了 52 名学生，将他们分为三组，共同阅读一份材料。第一组和第二组的学生在阅读前被告知要回答哪些问题（尽管这些问题在测试中并未真正使用），而第三组的学生仅被告知阅读后会有测验。

实验结果显示，三组学生在阅读所用的时间上基本相同，记住的信息量也大致相当。然而，在答题表现上，第一组和第二组的学生明显优于第三组。更有趣的是，那些提前知道的问题与实际要回答的问题越接近，学生的表现就越好。这说明，如果学生在阅读前就已经知道他们需要关注的内容，那么这些信息在大脑中会得到更多的加工，从而提高记忆的质量。

因此，对于题干较长的题目，特别是阅读理解题，建议先阅读题目，再阅读文章。这样做的好处是，在阅读文章时，学生会有意识地寻找与题目相关的观点和证据。一旦发现相关信息，他们的注意力会集中在这些信息上，并进行更深入的加工。这种加工是快速而有效的，不仅不会影响阅读速度，还能帮助学生更全面地理解文章并准确答题。

8.2.3 处理记忆卡壳

有一次，我参加考试时遇到了一个棘手的挑战。最后一道答题需要用到一个我本该熟记于心的公式，但我在那一刻却无论如何都想不起来。那种感觉就像是我饥肠辘辘，面前摆放着一块诱人的草莓蛋糕，但无论如何都够不着。

我焦急地一遍遍读着题目，试图从中找到一丝线索来唤醒我的记忆。然而，半个小时过去了，我仍然毫无进展。我开始感到绝望，只能将最后的希望寄托在检查试卷上。就在我刚刚检查过三道题之后，那个公式竟然奇迹般地浮现在了我的脑海中。

我立即翻到那道大题，重新读题并验证公式。没错，就是那个公式！我感觉这道大题有了被攻克的希望。然而，就在我奋笔疾书地写出三步解答时，刺耳的铃声突然响起，考试时间到了。尽管我还在努力书写，但老师已经走过来开始收卷子了。最终，我还是没能完成那道大题，这让我感到非常沮丧。

这种记忆卡壳的经历或许并不罕见，许多人都有过类似的体验。在考场上，我们可能会因为过于紧张或专注而暂时忘记了某些重要的信息。然而，一旦考试结束，这些信息却往往能够轻易地回想起来。这让我们不禁感慨，记忆似乎总是喜欢和我们捉迷藏。

但实际上，记忆并没有和我们捉迷藏。问题的根源在于我们自己。在考试时，我们的大脑会高度集中，激活与当前题目直接相关的信息，同时抑制那些与题目不直接相关的信息。这种抑制机制可能会导致我们错过一些原本能够解决问题的关键信息。

当我们在考试中遇到记忆卡壳的情况时，需要采取一些策略来应对，以避免在单一题目上过度纠结而错过其他题目的解答。

（1）从思想上调整心态。我们要从思想上告诉自己，虽然这个题目很重要，但它只是整个试卷的一小部分。如果我们过于关注一个题目，就有可能浪费大量时间，导致其他题目无法充分解答。因此，我们需要从思想上调整心态，避免过度焦虑或纠结于某个题目。

（2）从行动上转移注意力。当我们决定放弃某个题目时，应该立即将注意力转移到其他题目上。通过解答其他题目，我们可以将新的信息输入大脑，逐渐弱化原来题目的信息强度。这样不仅可以提高我们的答题效率，还有助于我们重新调整思维状态，为解答后续题目做好准备。

（3）从过程中寻找灵感。在解答其他题目的过程中，我们的大脑会不断唤醒各种记忆。这些记忆中可能就包含着我们之前想要解答的题目的相关信息或灵感。当我们捕捉到这些灵感时，应该停下来仔细思考，让灵感变得更加强大和清晰。这样，当我们再次回到原来的题目时，就能够更加自信地解答它。

总结来说，当我们在考试中遇到记忆卡壳的情况时，不要过于焦虑或纠结于某个题目。我们应该先停下来调整心态和转移注意力，通过解答其他题目来弱化原来题目的信息强度。同时，在解答其他题目的过程中，我们要保持警觉和敏感，随时捕捉与原来题目相关的灵感。当我们找到灵感后，再回到原来的题目进行解答。这样不仅能够提高我们的答题效率，还有助于我们更加全面地掌握考试内容。

8.3 ▶ 考后环节

从考查的角度来看，考试一旦出了成绩，考查的直接目的就已经达成。然而，从记忆和学习效果的角度来分析，考试其实是对学生知识记忆的一次重要检索和巩固。这个过程中是否存在问题，需要我们在考后进行深入的反思和总结。因此，我们不仅要对考前准备和考试过程给予足够的重视，更要严肃对待考后的分析环节。

8.3.1 小心蒙对的题

期末考试成绩公布后，小周的成绩并不理想，被老师叫到了办公室。老师指着几个题目说："这几个题目都是期中考试考过的，上次你能答对，这次为什么没答对？能解释一下吗？是不是上次你抄了别人的答案？"面对老师的质疑，小周急切地辩解道："没有，我真的没有抄。"

老师观察了小周的表情，感觉他并未说谎，于是进一步询问："那么，期中考试的时候，你是蒙对的吗？"小周委屈地回答："期中考试我真的会，但这次就不会了。我也不知道哪里出了问题。"小周所面临的问题，其实正是考试中的一个典型现象——强制作答。

在日常作业中，当我们遇到不会的题目时，通常会选择跳过或寻求帮助。但在考试中，面对不会的题目，我们往往不能轻易放弃，因为空着就意味着失去得分的机会。这种强制作答的压力下，我们不得不尝试给出一个答案，哪怕只是猜测。对于选择题来说，这种猜测似乎还有一定的"合理性"，因为四个选项中总有一个是正确的。于是，各种答题技巧应运而生，如"三长一短选短的"等。这些技巧有时确实能帮我们侥幸得分，但也给我们带来了一个误导，我们可能会误以为自己已经掌握了这些知识点。

这种由于强制作答而产生的错觉是非常危险的，因为它会让我们对自己的学习状况产生错误的判断。为了避免这种情况的发生，我们需要在考后认真分析自己的答题情况，尤其是那些蒙对的题目。只有这样，我们才能准确地评估自己的学习情况，为接下来的学习制定更加有效的计划。

在考试的时候，我们的注意力会高度集中，仔细辨析题目中每一个字的含义。一旦大脑中的海马体探测到这种深度的专注，它会判定我们正在处理极其重要的信息，并启动记忆机制。它会全力工作，详细记录输入的所有细节，同时可能会暂时抑制我们的自我输出。因此，我们常常会对考试的题目印象深刻，但对自己的答题过程却模糊不清，甚至不记得答案是否真正经过深思熟虑。

此外，当我们拿到批改后的试卷时，会迅速浏览一遍，关注哪些题目获得了分数。对于得分的题目，我们往往会潜意识地认为自己已经掌握了这个知识点。然而，这种判断可能并不准确，因为其中可能包含了我们猜对的题目。

当这两种情况叠加在一起时，我们就容易忽视那些侥幸蒙对的题目所涉及的知识点。等到下次再遇到这些题目时，我们可能仍然无法正确解答，从而失去分数。

因此，在复习试卷时，我们需要特别留意填空题、选择题和判断题。由于试卷上并没有详细的作答过程，我们无法仅凭分数判断自己是否真正掌握了相关知识点。在拿到批改后的试卷后，我们可以采取以下步骤来巩固记忆。

（1）在正确选项旁边，简要地记录或回忆出解题过程，以明确我们是如何得出正确答案的。

（2）对于错误选项，分析并写出错误的原因，以避免未来再次受到这些错误选项的干扰。

（3）对于无法解答的题目，不要犹豫，将其整理到错题本中，进行额外的复习和巩固。

通过这些方法，我们可以有效规避考试中蒙答案带来的误导，确保真正掌握每个知识点，避免遗漏。

8.3.2 错题一定要整理

每次试卷评阅完毕并分发后，有人欢喜有人忧。然而，不论成绩如何，大家总会感到一种解脱，因为考试往往意味着一个学习阶段的结束，尤其是期末考试。然而，在这个过程中，我们经常会忽视一个更为关键的事项——错题整理。其实，考试后的错题整理比平时作业的错题整理更为重要，这是由考试的内在特性所决定的。

1. 考试的代表性

考试是对我们一段时间内学习成果的全面检验。由于考试题目的局限性，它无法覆盖所有的知识点，只能选择部分核心知识点进行考查。这些知识点通常是后续学习的基础。如果在这些关键点上失分，说明我们的掌握存在问题，这可能会严重影响我们的后续学习。

同时，考试题目往往是经典题目，很多老师会基于这些题目进行修改，作为后续考试的题目。如果我们不彻底解决错题，就可能在未来的考试中反复失分。一旦我们真正掌握了这些题目，就可以轻松应对众多类似的考试。

2. 考试的特殊环境

一旦进入考场，我们就会被考场的紧张氛围所影响，变得更加专注。此时，我们对考试中出现的任何内容都变得格外敏感，无论是题目内容还是解题方法。这种强化效果远超平时作业的完成。

同时，这种强化作用对所有题目都一视同仁，无论是对的还是错的。因此，考试中做错的题目可能会对我们产生更大的误导作用，需要我们花费更多精力去纠正。

3. 考试后的时机

每次考试都标志着一个学习阶段的结束，尤其是期末考试后，我们迎来的是假期。在假期中，我们按照新的学习计划进行自主学习，容易忽视之前试卷上的错题，尤其是那些属于上一个学习阶段的内容。

由于以上原因，我们往往未能将试卷上的错题纳入错题本并进行纠正。为了解决这个问题，我们可以采取以下措施。

（1）将试卷上的错题整理到错题本中，同时分析自己出错的原因。

（2）增加复习次数，纠正被考试强化的错误思维。对于平时作业的错题，我们可能需要2～3次复习就能纠正，但对于试卷上的错题，我们需要更多的复习次数。

（3）从历年的试卷中，寻找类似的题目进行练习和验证。由于题目的典型性，我们可以很容易地从历年试卷中找到类似题目。